［白俄罗斯］谢尔盖·罗曼诺维奇·盖斯特（С. Р. Гейстер）著

范红旗　胡卫东　蔡　飞　郝凤玉　陈　伟　赵毅寰　译

胡卫东　谢恺　审

基于频谱特征的自适应检测识别与干扰鉴别

АДАПТИВНОЕ ОБНАРУЖЕНИЕ – РАСПОЗНАВАНИЕ С СЕЛЕКЦИЕЙ ПОМЕХ ПО СПЕКТРАЛЬНЫМ ПОРТРЕТАМ

国防工业出版社

·北京·

版权合同登记号　图字:军 - 2018 - 075 号

书名原文:АДАПТИВНОЕ ОБНАРУЖЕНИЕ - РАСПОЗНАВАНИЕ
С СЕЛЕКЦИЕЙ ПОМЕХ ПО СПЕКТРАЛЬНЫМ ПОРТРЕТАМ
本书简体中文版由 С. Р. Гейстер(邮箱 shr - 960@ yahoo. com)授权国防工业
出版社独家出版发行。

图书在版编目(CIP)数据

基于频谱特征的自适应检测识别与干扰鉴别/
(白俄罗斯)谢尔盖·罗曼诺维奇·盖斯特著;范红旗等译.
—北京:国防工业出版社,2021.7
　ISBN 978 - 7 - 118 - 12388 - 3

Ⅰ.①基… Ⅱ.①谢… ②范… Ⅲ.①雷达目标识别
Ⅳ.①TN959.1

中国版本图书馆 CIP 数据核字(2021)第 129894 号

※

国防工业出版社出版发行
(北京市海淀区紫竹院南路 23 号　邮政编码 100048)
三河市德鑫印刷有限公司印刷
新华书店经售
*
开本 710×1000　1/16　印张 8¾　字数 152 千字
2021 年 7 月第 1 版第 1 次印刷　印数 1—1500 册　定价 46.00 元

(本书如有印装错误,我社负责调换)

国防书店:(010) 88540777　　书店传真:(010) 88540776
发行业务:(010) 88540717　　发行传真:(010) 88540762

中文版序

目标检测、跟踪与识别 (确定类别或型号) 是雷达装备的三项主要任务。在民用领域，这些任务已得到很好的解决，其中最为成功的例子便是采用主动应答机制的"二次"雷达。但在国防领域，由于对抗措施 (电子干扰、电子毁伤与火力打击) 的不断发展，这些任务仍极具挑战。

虽然很难用简短的语言概括军用雷达当前的发展趋势，但这里我将以防空应用为例作此尝试。

当前，雷达在有意干扰条件下的工作能力是解决雷达问题的关键，这取决于雷达对"隐蔽、欺骗和防护"三原则的应用和实现水平。敌方对抗措施的成功与否有赖于这几个关键环节：通过雷达辐射信号发现雷达、确定雷达类别或型号、选择并实施最有效的对抗措施。敌方对抗措施始于发现，如果雷达未被发现，则不会有针对它的干扰。因此，实现雷达隐蔽工作是最高水平的反对抗措施。雷达隐蔽工作能力取决于敌方电子侦察接收机 (对抗系统的重要组成部分) 输入端的信噪比。显然，作为一种被动反对抗措施，降低雷达发射信号的峰值功率及功率谱密度有助于提高雷达的隐蔽性，但雷达隐蔽通常包括主动和被动两类方法。

然而，隐蔽只是"隐蔽、欺骗和防护"三项基本原则之一，在雷达整个工作区域内保持隐蔽是非常困难的。

"欺骗"可从雷达位置坐标和探测信号两个方面来实施，结果会导致敌方获得错误的雷达信号及方向参数，再加之干扰机载荷的功率增加受到限制，敌方干扰效能将大打折扣。半主动多站雷达就是这方面的一个典型示例，它采用特殊的接收站点和电视、无线广播及通信网络发射中心。

"防护"主要是应对有源欺骗干扰、地面回波、体杂波 (气象杂波和偶极子云) 以及反辐射导弹。对于监视雷达，应对有源欺骗干扰最好在信号检测级实施防护，以便将干扰拒于测量跟踪算法之外。如果不能做到有效防护，则监视雷达将因大量假目标充斥而超负荷运行，严重时将使系统时间分配与资源管理单元崩溃，导致雷达无法继续工作。对于制导雷达，最为重要的则是防护多假信号拖引干扰及反辐射导弹。同样地，"雷达防护"也有主动和被动两类方法。需要指出的是，雷达的信息获取能力直接影响抗干扰和目标分类识别的性能，它决定了雷达检报 (干扰或目标) 中可提取的信息量，与所用的宽带探测信号和回波的特殊处理密切相关。

本书内容是我在 1986–1999 年间取得的成果。在接下来的几年里，我在雷达隐蔽、抗有源欺骗干扰、目标和有源欺骗干扰鉴别、雷达特征提取新方法等方面又取得了一系列的新进展，它们均基于信号和干扰空时相关特性的充分挖掘和相干积累技术的运用。

　　本书的另一个重要成果是关于目标识别系统判决规则和结构自适应问题的解，包括了适应不同观测条件的"复合"解。通过评估当前雷达检报中的特征信息量，复合解的选项会随之改变：当信息量很大时，可做目标类型识别；当信息量减少时，类型将被整合进特定的群组 (子类或类) 内。

　　本书出版即将 20 年，其后虽有诸多的新进展，但重温书中内容，我仍倍感欣慰。因为即便在当下，这些内容仍然至关重要。

С.Р. Гейстер

2020 年 2 月

译　者　序

思想深刻的作品具有穿透时间的力量。盖斯特 (C.P. Гейстер) 教授的《基于频谱特征的自适应检测识别与干扰鉴别》原著虽然出版于 20 世纪 90 年代末，但书中通过分析目标、干扰及环境特性来构造波形与分类识别自适应策略的思想，对于雷达抗干扰设计至今仍具有很强的指导意义。这对于日新月异的电子信息领域来说，实属难能可贵。

译者曾聆听过盖斯特教授的学术报告，其对雷达系统的理解已达到出神入化的境界。他不仅以防空系统为例提出了抗干扰雷达系统顶层的理想架构，将各种干扰的认知纳入雷达工作回路中；而且将雷达与干扰的矛盾灵活转化为信号在不同调制域的表达与处理，比如他提出通过动态调整接收天线单元的幅相参数，使天线副瓣相位反转变化，巧妙地从时域抵消由天线副瓣进入的干扰。他非常注重对各种精细特征信息的建模与利用，比如在本书中用了 3 章 (第 3~5 章) 的篇幅详细研究目标、环境及干扰的雷达回波特性，特别是关于二次调制谱特性的介绍和分析，深入浅出又不乏实用性，完全可以指导雷达对目标和干扰的分类识别系统设计。书中第 2 章更是前瞻性地提出了应用雷达波形设计的抗干扰理念，并建议了初始相位随机调制等波形设计方法，这些研究成果的价值直到近年来才为国内学者所认知。

本书在第 1 章的概述中，明确提出了对抗智能干扰的概念、思路，不仅在具体技术方法上强调特性认知与在线学习，更重要的是将雷达、干扰机和背景杂波统一建模考虑。这是对哥德尔不完备定理在雷达抗干扰领域的最好诠释：抗干扰无法在雷达系统内部获得完备的表达，必须通过构建或揭示更大的外在系统，从外向内看以获得表达的一致性和终极答案。这些新的认知方式将雷达抗干扰这一老问题的解决从"术"的层面上升到"道"的高度，这也是本书思想历经 20 余年仍不过时的根源所在。

读盖斯特教授的专著，有种"瞻彼伊甸，崛起荒芜。一人皈依，众人得赎。今我来思，咏彼之复"的感觉。我们这些先尝禁果的人，在范红旗博士的感召下因缘际会，通力协作，利用业余时间将盖斯特教授这部俄文专著翻译过来，特别是在新冠病毒肆虐的时候，完成了译著的最后校对和审定，也是以自己的方式向抗击疫情的国人表达敬意。范红旗博士不仅为翻译工作建立了信息交流共享的平台，而且翻译了书中第 3、4 章的内容。参加本书翻译工作的还有国防科技大学胡卫东教授 (第 1 章)、湖南师范大学蔡飞博士 (第 5、6 章)、中国空空导弹研究院郝凤玉高级工程师 (第 2 章) 和陈伟高级工程师 (第 7

章)、中国空间技术研究院赵毅寰研究员 (第 8 章)，空军军医大学的刘本源博士负责全书插图的译制和 LaTeX 模板的制作。翻译过程中，译者团队对许多专有名词做了反复的推敲，力求准确，同时根据国内习惯对全书的符号体系做了梳理和统一，并在一些必要的地方增加了译著注，以便读者更好地把握书中内容。最后，由胡卫东教授和中山大学谢恺教授对全书做了审定。现将译著推荐给对该领域感兴趣的读者，以飨同好。

胡卫东

2020 年 3 月于星城长沙

前　言

当前，雷达理论和技术迅猛发展的一个主要推动力就是雷达和电子战系统(包括电子干扰和以降低雷达探测能力为目的的各类措施)之间的持续对抗。20世纪90年代后期，由于大量资金投入，这种对抗愈演愈烈。

干扰条件下雷达高性能解决方案中的一个主要难点就是可用信号和干扰参数的先验不确定性。在雷达系统的设计、试验以及运行期间，通过对先验未知参数的自适应或雷达系统的训练可在一定程度上解决该问题。训练的需求源自有源欺骗干扰对抗问题中拖引参数的先验未知性，而训练的机会则取决于这些参数估计中原理表示的完备性以及识别(鉴别)系统获取真相与独立观测信号和干扰的能力。

本书第1章在回顾雷达抗有源和无源干扰问题的当前状态后，给出了一种有效的抗干扰雷达架构以及雷达抗有源欺骗和杂波干扰的通用方法。考虑到同时对抗有源欺骗干扰(特别是距离-速度拖引干扰)和空间分布杂波干扰时所存在的设计矛盾，该章对这两种类型的干扰作了格外的关注。

第2章介绍雷达探测信号选择与接收信号处理方法，旨在提高雷达的隐蔽性和反模仿能力。该章重点分析了时域参数可变的探测信号与脉间谱分析(脉间相干积累)结合的可能性。

目标和干扰雷达特征(信号特征和坐标特征)的先验信息是雷达识别目标和抗有源欺骗干扰的核心所在，先验信息量决定了雷达的特征处理能力。因此，第3~5章详细介绍了空中和地面目标、体杂波以及速度(多普勒频率)欺骗干扰频谱特征的统计模型。

第6章主要介绍基于贝叶斯准则的检测识别系统设计方法，同时还给出了检测识别性能指标的计算方法。

第7章针对广域探测需求下最优特征处理算法实现过程中计算量巨大这一瓶颈问题，重点讨论了非相关特征的加速处理算法，并以空中目标频谱特征处理为例对比分析了不同噪声条件下的算法性能。

评估雷达特征的差异性表达能力与识别系统对这些差异性的提取能力是雷达目标识别理论发展中的一个重要但却未得到很好解决的问题。此外，随着观测条件和干扰环境变化自适应地预测识别的性能指标，并根据结果分析识别系统判决的可行性与正确性，能够显著地改善识别性能。因此，第8章讨论了任意相关雷达特征与识别系统的通用信息指标体系，并设计了一套根据信息指标自适应调整的识别系统判决规则。

本书在雷达特征和背景干扰任意相关这一更普适的情形下讨论了最优和次优识别算法设计、识别性能指标以及雷达特征与识别系统的信息指标，但受篇幅所限，未能更详细地讨论雷达检测识别工程实践中遇到的所有问题，尤其是对弱信息特征参数的自适应问题。本书可为复杂条件下雷达检测识别问题的解决提供一种清晰的参考框架。

目　录

第 1 章　抗干扰问题及其解决途径分析 ……………………………… 1

1.1　抗智能干扰问题及其解决途径分析 ……………………………… 1

1.1.1　识别在抗干扰中的作用 ………………………………… 1

1.1.2　主要类型干扰的描述 …………………………………… 3

1.1.3　有源欺骗干扰的系统结构及原理 ……………………… 7

1.2　现有抗距离速度干扰方法描述 …………………………………… 8

1.2.1　抗噪声干扰 ……………………………………………… 8

1.2.2　抗欺骗干扰 ……………………………………………… 9

1.3　抗干扰途径的一般描述 …………………………………………… 10

1.4　一种先进的雷达抗干扰架构 ……………………………………… 12

1.5　本书抗干扰方法的特点 …………………………………………… 14

第 2 章　探测信号选择与接收信号处理 ……………………………… 15

2.1　雷达抗干扰与隐蔽的通用指标 …………………………………… 15

2.2　探测信号选择与接收处理的一般原则 …………………………… 18

2.3　基于变参数信号与谱分析的抗有源欺骗干扰方法 ……………… 20

2.3.1　多假信号干扰的时域数学模型 ………………………… 20

2.3.2　基于探测脉冲参数调控的抗多假信号干扰方法 ……… 21

2.4　基于频谱特征识别空中目标时的探测信号要求 ………………… 24

2.4.1　二次调制机理及对探测信号的要求 …………………… 24

2.4.2　推进系统旋转部件的回波信号建模 …………………… 27

2.5　回波信号幅相调制的独立谱分析 ………………………………… 31

2.5.1　幅相调制信号的独立谱分析 …………………………… 34

2.5.2　幅相调制的独立谱分析示例 …………………………… 35

2.5.3　幅相谱特征的应用分析 ………………………………… 37

第 3 章　空中和地面目标频谱特征的统计模型 ……………………… 41

3.1　统计模型概述 ……………………………………………………… 41

3.2 涡桨和涡喷飞机频谱特征的统计模型 42

    3.2.1 试验系统组成及试验条件 42

    3.2.2 涡桨和涡喷飞机的频谱特征 43

    3.2.3 频谱单元的统计特性 45

3.3 地面目标频谱特征的统计模型 48

    3.3.1 地面机动车辆的频谱特征 49

    3.3.2 人体频谱特征的回波信号模型 56

第 4 章 体杂波频谱特征的统计模型 67

4.1 体杂波的一般特性与补偿效率 67

4.2 雨云杂波特性的试验结果 69

4.3 雪云杂波特性的试验结果 73

    4.3.1 雪云杂波频谱特征的试验结果 73

    4.3.2 分辨单元内风速均值与自相关函数的试验结果 81

4.4 体杂波频谱特征的统计模型及其自适应参数 85

第 5 章 有源欺骗干扰频谱特征的统计模型 87

5.1 有源欺骗干扰的统计建模方法 87

    5.1.1 概述 87

    5.1.2 频率转换器的线性时变系统模型 87

    5.1.3 锯齿形相位调制信号频谱特征的解析分析法 89

    5.1.4 非线性锯齿形相位调制信号的建模与仿真 91

5.2 速度拖引干扰频谱特征的试验研究 93

5.3 频谱特征统计模型的自适应参数与训练 96

第 6 章 检测识别系统特性的综合与分析 98

6.1 先验不确定性及其缩减方法 98

6.2 检测识别系统的结构设计 99

    6.2.1 问题描述 99

    6.2.2 检测识别系统的结构 99

6.3 检测识别的性能指标 101

6.4 检测识别指标的计算方法 102

第7章　非相关特征信号的次优快速处理算法 ……………105

　7.1　问题描述 ……………105

　7.2　次优算法设计 ……………106

　　　7.2.1　偏置开关法 ……………106

　　　7.2.2　最小偏差法 ……………106

　　　7.2.3　多水平量化处理法 ……………107

　7.3　雷达特征处理算法的对比分析 ……………108

第8章　通用信息指标体系与自适应判决规则 ……………112

　8.1　识别信息指标体系的通用设计方法 ……………112

　8.2　检测识别的通用信息指标体系 ……………113

　8.3　检测识别系统判决规则的自适应设计 ……………116

参 考 文 献 ……………118

术语对照表 ……………125

第1章 抗干扰问题及其解决途径分析

1.1 抗智能干扰问题及其解决途径分析

1.1.1 识别在抗干扰中的作用

通过对攻击手段发展现状和前景的分析[5-8,16,46,57,70-71,84]，可以明确预见它的三个主要发展趋势：

(1) 从高毁伤能力向智能化转变，攻击武器可快速识别目标最脆弱的部位并发起适度当量的精准打击。

(2) 广泛采用假目标和有源干扰以最大程度地降低高价值攻击手段的消耗，且优先考虑可在敌方观测空间形成多假信号的"智能干扰"①。

(3) 及时获取敌方的全部信息以确保攻击行动的高动态性和突然性。

随着上述趋势逐渐成为现实，攻击方可迅速找到防御系统薄弱之处，并针对性地投入高密度梯次化的攻击力量，动态运用大量假目标、有源噪声、智能干扰、无源以及有源–无源组合干扰展开攻击。

由此可作出合理的推断：鉴于防御系统的强大火力，及时准确地获取敌方信息的详细程度将决定作战成败，而与此同时，防御方也不可能只考虑 10~15 年前相对简单的干扰条件。

抗干扰方法和装备的研发是各代雷达工作者都会面临的问题，但为什么时至今日抗干扰问题依然存在呢？这当然要归因于电子对抗装备持续不断的发展，它目前已过渡到以隐蔽和高效为特征的智能干扰新阶段。

相应地，也必然会发展出新一波的抗干扰手段。在研制新型或者改进现有抗干扰装备时，应优先考虑发展智能化的抗干扰辅助系统，特别是目标识别与干扰鉴别系统。

研发识别系统的重要性早在 25~30 年前就已成为业界的共识，识别问题目前已成为国内外顶尖专家关注的焦点[22,26,29,40,42,44,50,55,58,62,66,74,82]。A. E. Okhrimenko 教授、V. I. Kurlovich 教授、Y. D. Shirman 教授、A. P. Krivelev 教授、V. N. Aseev 博士以及 E. A. Kazakov 等人都对该问题作出了重要贡献，他们的研究奠定了雷达目标识别 (气动目标和弹道目标识别) 问题的理论基石与实验基础，提出了许多使用轨迹参数的建议和利用回波 (辐射) 信号"特征"的各种识别方法。这些研究中最受关注的当属"信号特征"识别方法，它采用一维雷达特征 (功率、起伏、极化、频率相关性、频率谐振、距离、频谱、图像

---

① 译者注：本书"智能干扰"专指有源欺骗干扰，包括多假信号干扰和拖引干扰。

及其他属性) 进行目标分类。另外，近年来基于多维组合特征的雷达识别也得到了深入研究[92]。

国外在雷达识别领域也在积极地开展工作，但尚未见到有关识别系统研发的公开报导，主要是因为这类系统构建原则及特性方面的信息易于为对手所利用，进而研制出有效的反识别措施。

尽管理论与实验领域的巨大进步推动了目标识别方法和系统 (装备) 的实用化进程，但就现代和未来雷达系统的应用而言，雷达目标识别仍因下列因素的存在而面临诸多困难：

(1) 现有识别系统普遍采用固定的判决规则、结构和参数，当存在非平稳的有源或无源分布式干扰、大量假目标或有源欺骗干扰、目标雷达特性大范围变化等因素时，判决决策的可信度较低。这一方面是因为现有检测识别系统中缺少在线决策可信度的监控单元以及在检测识别空间内对目标和干扰特征的联合处理；另一方面，造成低识别可信度的客观原因则是有关待识别目标模板的先验信息过少且相对简单。

(2) 现有检测识别算法在应对多假信号和拖引干扰等现代对抗手段时的抗干扰能力低下，且当前系统不能有效鉴别这些干扰，原因是攻击手段的发展比防护手段领先一步。

(3) 现有检测识别系统在多层无源 (人工或自然) 体杂波及有源-无源组合干扰条件下的工作性能不太稳定，主要是因为缺乏对邻近分辨单元和整个空间内干扰信号的有效处理。

(4) 现有检测识别的信息指标体系不完善，无法综合评估干扰环境下雷达特征信号所包含的信息量以及面向特定类型目标检测识别时系统提取这些信息的能力。

上述影响因素是相互关联的，反映了干扰条件下确保空中和地面目标雷达检测识别性能所面临的难点，且普遍存在于雷达系统的理论与实践中。导致这些问题的客观原因在于：

一方面，种类繁多且广泛采用的假目标、有源欺骗干扰和多层无源体杂波、非平稳回波信号以及攻击编队的扩展和现代化。

另一方面，复杂干扰条件下检测识别系统的结构固定且缺乏可给判决规则提供反馈的识别可信度监控单元。

现有识别系统 (包含联合检测识别系统) 的正确判决概率低，系统必须为错误判决付出高昂的代价，严重阻碍了其在雷达系统中的应用。文献 [29-32,50] 表明，可采取下列途径解决判决性能问题：

(1) 选择探测信号的类型和参数，包括空间、时间和极化等参数，以提高隐蔽性和模仿难度。

(2) 发展自适应自学习的检测识别系统，可在快速变化的干扰条件下根据系统的信息指标确定检测识别可信度并自适应地改变自身结构和判决规则。

检测识别系统的训练主要是消除未知干扰参数的先验不确定性，这可通过实时的干扰检测、参数估计与滤波获得干扰统计模型构建所需的非平稳参数信息。这类系统的训练基于下列客观存在的差异性：

(1) 对于特定工作模式的雷达，拖引干扰信号及其坐标参数的变化规律表现出周期性且相对稳定，而且与雷达目标特征信号的变化规律存在差异。

(2) 多假信号干扰的信号之间存在相关性，且与雷达目标特征信号存在差异。

(3) 气象杂波和偶极子云杂波在一定空间 (距离和角度) 内分布，且与待识别目标的雷达特征信号存在差异。

训练可以在更高或更低的先验不确定性下进行，旨在构建时间和空间统计特性变化律已知的干扰统计模型：

(1) 有源欺骗干扰的信号–坐标特征统计特性的时变规律。

(2) 体杂波雷达特征统计特性的空时变化规律。

在检测识别系统启动前，需要一个采集最小统计信息的训练初始化阶段，并在随后的系统工作中不断更新统计信息。而且，检测识别系统还要能适应：

(1) 任意时刻的干扰状态。当通过比较干扰参数的最大似然估计与训练阶段所获模型来完成检测识别后，可以确定干扰的状态，例如判定拖引干扰相对撤出时刻的起始时间点。

(2) 目标雷达特征的弱信息参数[29,52,85,87,91-92,96]。如观测角、距离、推进模式、背景参数等，它们是某些可用特征的特性参数。

(3) 任意时刻包含在雷达信号和坐标特征中的信息量[29-30]。在此基础上即可自适应地改变检测识别系统的结构、参数和判决规则。

由于对未知参数的先验估计和滤波会存在误差，因此当采用最大似然估计时应考虑统计模型参数的统计特性[①]。

1.1.2　主要类型干扰的描述

由于电子干扰领域的研究相对比较封闭，因此介绍电子干扰当前水平与发展趋势的公开文献相对较少[5-8,17,45,57,84,95]。文献 [1,45-46] 介绍了干扰生成和使用的一般原理，而关于干扰的分类、产生方法、装备以及使用策略等内容的详细描述仅见于《应用电子对抗》[95]。

下面简单介绍干扰的分类[1,17,45,95]。针对雷达的干扰主要可分为三大类：

(1) 无源干扰。

(2) 有源干扰。

---

① 译者注：即模型的误差特性。

(3) 带有无源反射器的假目标。

无源干扰或杂波可分类如下[1,66,95,100-101]：

(1) 来自面分布反射体的回波干扰，如地面、静止或运动水面的回波。

(2) 来自体分布反射体的回波干扰，如偶极子云和水汽凝结物 (雨云、雨、雪云、雪以及仙波等) 的回波。

(3) 由低空目标回波经地面或水面反射而产生的多径干扰。

有源干扰可分为两大类：

(1) 噪声压制干扰。

(2) 欺骗或假信号干扰 (智能干扰)。

根据产生原理，噪声压制干扰又可分为噪声直接干扰和噪声调制干扰[1,95]。噪声直接干扰是由噪声发生器直接产生，其性质与高斯白噪声相近，特点是幅度、相位和频率均随机变化。因为它的噪声谱宽度远小于雷达载频，因此又将此类干扰称作准谐波噪声干扰。根据载波调制参数的不同，噪声调制干扰一般可分为以下几个子类：

(1) 噪声调幅干扰。

(2) 噪声调相干扰。

(3) 噪声调频干扰。

实际中，由于微波器件不可能实现非常纯的单一参数调制，因此噪声调制干扰通常表现为组合调制 (如 AM–FM、FM–AM 等) 方式，干扰的命名由占主导性的调制类型决定。

在噪声调幅干扰的发射机中，由视频噪声对高频振荡器信号做幅度调制。噪声调幅干扰的频谱中含有载频分量和调制噪声的边带分量，压制效果由噪声调幅干扰频谱的边带分量决定。

噪声调相干扰高频振荡器信号的瞬时初相按照调制噪声的规律变化。与噪声调幅干扰相比，噪声调相干扰的巨大优势表现在以下两个方面：

(1) 不会对载频处的频谱分量产生深度调制。

(2) 通过简单调节调制信号的大小即可改变调制信号的频谱覆盖范围。

噪声调相干扰的频谱宽度可高达数十到数百兆赫，而谱宽为千赫量级的窄带干扰常被称作"多普勒噪声"，用于压制采用准连续波探测信号的雷达。

噪声调频干扰高频振荡信号的当前频率随频率调制律而变，相比于噪声调幅和调相干扰，噪声调频干扰的优势在于：

(1) 通过简单地调整载频和干扰谱宽，即可从阻塞模式转换为瞄准模式。

(2) 在深度调制下当干扰谱宽大于 2~3 倍的调制噪声谱宽时，实际干扰信号中已没有载频分量，所有的干扰功率都得到了合理使用。

噪声调频干扰主要以阻塞方式使用。

由于现代干扰补偿器[①]可完美应对连续的平稳干扰，因此，为了提高对脉冲多普勒雷达的干扰效果，干扰方可能会采用间歇干扰[46]，这种干扰可分为下面两类：

第一类用于破坏雷达的信号检测过程，此类间歇噪声干扰与解距离模糊的多脉组中的第一个脉组同步。

第二类用于增加雷达目标捕获跟踪的难度，此类间歇噪声干扰与雷达扫描周期同步。

对目标跟踪器的分析表明，噪声干扰可以阻止雷达从搜索模式转换到跟踪模式、增加跟踪过程的误差，甚至使跟踪器崩溃[1,16,45,60]，其直接效果是信噪比下降、测量鉴别曲线斜率下降[②]以及起伏误差增加。

有源欺骗或假信号干扰的主要类型包括：

(1) 距离和速度 (多普勒频率) 多假信号干扰[③]。

(2) 距离、速度和角度拖引干扰。

距离多假信号干扰通常用来干扰采用大占空比探测信号的脉冲雷达，常被称作多脉冲响应干扰。每接收到被干扰雷达的一个脉冲，干扰机将辐射一串脉冲，充斥在目标距离单元前后。当这类干扰沿主瓣波束进入监视雷达时，雷达将丢失真目标并产生许多虚假航迹，将这种故障称为二级处理系统失效。

为了在制导雷达站全距离范围内有效干扰其自动跟踪器，距离多假信号的间隔必须与雷达分辨率相当且在干扰期间时变。同理，对在搜索模式下采用准连续波或连续波探测信号的制导雷达来讲，可产生多普勒频率随时间变化的多速度假信号 (多个多普勒频率) 干扰，这类干扰会给先速度跟踪后角度跟踪的雷达捕获目标造成极大的困难。

拖引干扰主要用来对付制导雷达，其主要类型包括：

(1) 距离拖引干扰。

(2) 速度拖引干扰。

(3) 角度拖引干扰[④]。

(4) 距离、速度和角度组合拖引干扰。

(5) 反弹式干扰——将干扰信号照射到偶极子云或地 (水) 面而形成的一种干扰 (有时称后者为镜像干扰[⑤])。

距离拖引干扰可在没有目标处模拟一个不同于真目标速度的假信号，其幅度强于真目标信号且时延变化律经过特殊设计，旨在拉偏雷达的距离跟踪系统。在拖引周期之后是"静默"周期，此时干扰机关闭，雷达跟踪波门内既

---

① 译者注：干扰／杂波补偿器的作用是对消干扰／杂波，国内常称干扰对消器。
② 译者注：对应灵敏度和精度的下降。
③ 译者注：多假信号干扰根据战术效果，有时也称作冲淡式干扰。
④ 译者注：此处专指质心式有源干扰。
⑤ 译者注：国内部分文献中称为地弹式干扰。

没有干扰也没有目标。经过短暂的记忆跟踪后，制导雷达将转入搜索模式，此时可打开距离多假信号干扰，由于目标此时已超出天线波束，因此距离拖引会自动破坏速度和角度跟踪回路，这正是拖引的意义所在。

速度 (多普勒频率) 拖引干扰旨在破坏制导雷达的视线跟踪系统。通常，制导雷达在跟踪模式下会采用连续波或准连续波探测信号并使用相干积累技术处理回波信号。与距离拖引干扰类似，电子干扰机会产生多普勒频偏以线性或抛物线规律变化的干扰信号，频率变化区间比如设置为 5s 变化 20kHz，这等价于 5g 的径向加速度①。

应指出的是，距离和速度拖引干扰既可单独使用，也可组合使用，主要取决于待干扰的制导雷达类型。当组合使用时，距离和速度拖引规律通常是相互耦合的。实际中，为了有效干扰采用连续或准连续波探测信号的制导雷达，可以在距离–速度空间内交替组合使用拖引干扰与多假信号干扰。

隐蔽信号干扰②通常用于干扰雷达测角装置，它会覆盖目标所在距离多普勒单元且具有不同的空间或极化特性，且信号功率与目标回波大致相当，旨在使制导雷达产生角跟踪误差，以避免被保护目标受到导弹攻击。同时，由于制导雷达通常难以检测到这类干扰的存在，因此有效避免了其采取相应的防护措施。

反弹式干扰是一种有源–无源组合式干扰，用于在速度上欺骗制导雷达并引入测角误差。此类干扰的干扰机将转发的雷达信号照射到偶极子云或地 (水) 面，通过偶极子云或地 (水) 面的反射，可将制导雷达的跟踪对象从目标转移至偶极子云或地 (水) 面。为了达成干扰效果，需要满足下列条件：

(1) 在反弹式干扰作用期间，被保护的飞机与云或反射表面必须位于雷达主瓣波束内。

(2) 在反弹式干扰起始时刻，云或反射表面的回波干扰信号必须进入雷达速度波门内。

(3) 云或反射面的干扰回波信号必须强于目标回波信号。

与普通的速度欺骗干扰相比，反弹式干扰不关闭，且初步的分析表明：

(1) 地 (水) 面的干扰回波起伏谱中会出现"色散"，包含了因地形和反射率变化引起的幅度起伏以及与天线波束覆盖面积、波束倾角、雷达距离和方位分辨率等因素有关的多普勒展宽。此外，由于天线波束前倾，干扰信号可出现在多个距离单元内。

(2) 云的干扰回波起伏谱中也会出现"色散"，包含了气流运动引起的散射体回波幅相波动、散射体距离变化引起的有效反射面积变化、照射区域内

① 译者注：本例默认的雷达工作波长为 2.5cm 左右，此处补充说明。
② 译者注：即质心式有源干扰或角度拖引干扰，这里"隐蔽信号干扰"的命名是从其难以被雷达察觉的角度给出的。

各点径向速度差异引起的多普勒展宽。

下面对雷达假目标和诱饵做简单的讨论。假目标主要是在检测阶段给雷达引入有关目标数量和位置的错误信息，它可以是载有龙伯透镜或角反射器的无人机 (UAV)，其雷达反射面积 (RCS) 大于或等于被掩护目标且可随时间变化，能够模拟目标回波的二次调制。另外，这种 UAV 上还可部署传统的转发式干扰系统，但该配置常因高质量干扰转发系统所需的电子侦察接收机和高保真干扰生成器代价高昂而变得不可接受 (成本约在 100~300 万美元)。

雷达诱饵常用来保护固定翼飞机和直升机免受导弹攻击，它既可以是 RCS 超过被保护目标的无源式，也可以是有源转发式。现代有源诱饵主要是可重复使用的拖曳式应答器，所需的侦察接收机和相应的控制设备均安装在被保护的飞机上[84]。显然，由于拖曳长度为 200~300m，因此，对采用特殊探测信号的制导雷达而言，拖曳式诱饵不能形成有效的前置干扰或者保护特定视角下的目标。

当前，几乎所有的作战飞机都配备了雷达假目标和诱饵[60,84,95]。

1.1.3　有源欺骗干扰的系统结构及原理

虽然有源欺骗干扰系统的构建方式多种多样[5-8,57,70-71,95]，但其原理都是基于探测信号的调制转发，通过修改信号参数从而在干扰信号中嵌入速度和位置等欺骗信息。因此，这类系统可用如图1.1所示的转发型电子干扰系统的通用结构来表示。

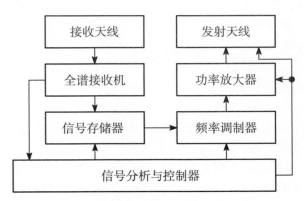

图 1.1　转发型电子干扰系统的结构简图

系统包括：

(1) 接收和发射天线。按指定的角度和极化方式定向传递干扰信号。

(2) 全谱接收机。提供时延 (距离) 和频率的全局测量。

(3) 信号存储器。存储选定时间和频率的雷达信号，并根据模拟的时间偏移量改变信号的时间坐标。

(4) 信号分析与控制器。主要执行雷达信号检测、雷达类型和工作模式识别、雷达优先级确定、最佳干扰类型选择、干扰参数 (时间、频率和极化等) 控制、在不同时刻按照优先级对选定的多部雷达实施干扰等功能。

(5) 频率调制器。模拟干扰的多普勒频率。

(6) 功率放大器。将干扰信号放大到指定的功率水平。

分析表明，可从以下方面入手来对抗有源欺骗干扰：

(1) 采用低截获 (隐蔽) 和变参数探测信号，提高电子干扰系统信号截获与参数测量的难度。

(2) 基于雷达特征识别和剔除有源欺骗干扰，提高干扰信号模拟的难度。

1.2　现有抗距离速度干扰方法描述

1.2.1　抗噪声干扰

噪声干扰可从雷达天线的主瓣或副瓣进入。雷达抗副瓣噪声干扰的主要途径有以下几种：

(1) 对有源噪声干扰做相干补偿。

(2) 切换到其他频率工作。

(3) 将有源噪声干扰的功率扩散至更宽的频带内。

(4) 降低天线副瓣电平。

上述抗干扰途径可采用下列方式实现：

(1) 对副瓣有源噪声干扰进行自动补偿，补偿效率可达 20~25dB，但对于间歇噪声干扰，补偿效率会有所降低。

(2) 基于有源噪声干扰的频谱分析，逐脉冲改变探测信号的载频 f_0，但当存在无源干扰时，补偿效率将急剧下降且一般不大可能对无源干扰做相干补偿，此时该方法难以奏效。

(3) 基于有源噪声干扰的频谱分析，在脉冲串之间改变探测信号的载频 f_0，但当敌方可在脉冲串信号开始的数个脉冲内快速侦测 f_0 并在信号有效期内调节有源噪声干扰参数时，该方法将失效。

(4) 让雷达沿天线副瓣发射与真探测信号频率间隔很大的假探测信号，并与探测信号的载频变化结合使用，该方法非常有效，但缺点是易于暴露雷达的位置，从而增加了被反辐射导弹攻击的可能性。

雷达抗主瓣噪声干扰行之有效的方法甚少。在现有方法中，有源噪声干扰的极化自动补偿值得关注；基于测向方法确定有源干扰的方向也有可能用来对抗干扰；基于多个接收站点 (如几部监视雷达或制导雷达和导引头) 的三角定位或信号相关方法测量有源噪声干扰的位置也是一种可能的途径。

1.2.2　抗欺骗干扰

雷达抗副瓣多假信号干扰的主要方式是采用辅助的空间接收通道, 基于主辅通道信号的能量比进行后续的联合逻辑处理, 目前尚无有效的抗主瓣多假信号干扰方法。

在现有的制导雷达系统中, 抗拖引干扰主要是在操作员指示系统中先检测干扰, 然后再采用一种或多种方式补偿干扰。文献 [1] 利用先验信息并研究了跟踪过程中目标和干扰距离 (速度) 变化规律的差异, 进一步提升了现有方法的抗干扰性能。

对于从雷达主瓣进入的速度拖引信号, 现有方法及相应的制导雷达抗干扰方案通常基于逻辑处理, 允许速度波门在小于速度拖引周期的短时间内返回信号的真实多普勒频率, 在跟踪过程中实现干扰检测与目标信号跟踪。回波信号与干扰信号的鉴别逻辑可基于:

(1) 能量差异, 假设干扰信号强于回波信号。

(2) 速度表读数与距离导数 (由测距仪读数估计得到) 的差异。

(3) 跟踪量二阶和三阶导数的差异, 对与干扰具有相同一阶导数的目标, 在某些时刻干扰和目标的高阶导数将有所差异。

(4) 回波信号与干扰信号的频谱差异, 但因基于频谱特征识别和剔除干扰的理论尚不成熟, 因此频谱差异并未得到应用。

因此, 制导雷达抗主瓣内拖引干扰现已采用和将被采用的主要方法有[1,95]:

(1) 分别构造目标和干扰的识别系统, 基于干扰功率远大于目标功率的假设, 根据能量比识别干扰。该方法在实际中难以获得很好的效果, 一方面是受硬件资源所限, 另一方面干扰功率强的假设易于为电子干系统利用, 进而通过改变能量比来破坏制导雷达的抗干扰逻辑。

(2) 使用对称波门和非对称波门进行前沿跟踪。对没有相干积累的制导雷达, 采用可变重频或载频是有可能的, 但会导致杂波相干补偿效率恶化; 对有相干积累的制导雷达, 采用脉间变参数的探测信号可保持杂波相干补偿效率不变。

(3) 根据滤波和外推电路估计距离和速度参数的变化规律, 利用二者的失配来鉴别干扰。该方法在实际中最为常用, 但缺点是时间延迟大, 只有当目标信号和干扰信号在距离上拉开 (对应拖引周期中间或结束) 后方可鉴别干扰, 因此对距离–速度拖引与角度拖引或诱骗干扰组合使用的情形无效。

(4) 通过辐射额外的信号来掩护探测信号。当同一区域内出现几个高功率探测脉冲信号时, 可以有效消耗敌方干扰机的能量资源。

(5) 采用全极化接收方式, 通过分析同极化信号和交叉极化信号来保护测角装置免受交叉极化干扰的影响。该方法适用于采用瞬时比较法的测角装置

(如比相或比幅单脉冲测角)，尽管实现较为复杂，但在现代和下一代制导雷达中值得推广。

由此可见，当前雷达装备所用的抗欺骗干扰方法和系统实现都过于简单。本节通过公开和内部资料分析了抗干扰问题的现状，结果表明：尽管付出了巨大的努力，但抗干扰问题的形势仍极端严峻。

1.3 抗干扰途径的一般描述

抗干扰问题可以在空中 (地面) 目标的信号检测、坐标测量与分类识别阶段来解决，这里主要关注下列干扰类型：

(1) 有源噪声干扰，这里考虑瞄准式宽带噪声干扰和 "多普勒噪声" 干扰。

(2) 距离速度多假信号干扰。

(3) 距离、速度和角度拖引干扰。

(4) 体杂波干扰，包括偶极子云和气象杂波，现代处理手段对此类干扰的补偿效率低下。

按照特殊规律调控探测信号的空间、时间和极化参数，并结合特殊的信号和坐标处理手段，可以有效解决现代和下一代雷达抗有源欺骗干扰这一复杂问题。此时，可把对敌方电子干扰系统造成的困难分层表述为：

(1) 电子干扰系统未检测到雷达 (理想的隐蔽状态)。

(2) 电子干扰系统没有充足时间来形成有效干扰。

(3) 电子干扰系统不能产生满足回波相似度要求的干扰信号。

需要强调的是，确保雷达隐蔽工作是最理想的选择，为此需要最大限度地降低探测脉冲的峰值功率。在确保雷达探测能量需求的前提下为了降低脉冲功率，在时域内可采用变参数的宽带相干脉冲串，通过脉内卷积和脉间相干积累提高雷达所需的信噪比，同时阻碍电子干扰系统对探测信号的侦收；在空域内，提高天线增益和降低雷达副瓣电平的传统方式十分必要，同时可按照特定规律随时间改变天线的副瓣结构 (相位和幅度)，这对于空时联合处理不太完善的敌方电子干扰系统和反辐射导引头而言，可显著增加它们的测向误差。

探测信号的空间、时间和极化参数调控旨在解决下列问题：

(1) 反截获。确保雷达的隐蔽性。

(2) 反侦测。防止敌方电子侦察接收机对雷达信号参数的测量与识别。

(3) 反模仿。防止电子干扰系统模仿探测信号参数形成有效干扰。

探测信号的参数调控能够预防敌方电子干扰系统生成假信号干扰，甚至给其信号检测、参数测量与干扰生成的全工作阶段都造成严重的信息获取难题。探测信号反模仿问题的解决应与接收信号的空域、极化域和时域处理一并考虑。

然而，实际中很难确保雷达在其整个覆盖区域内完全隐蔽。此外，还存在提高空间分布杂波相干补偿效率的问题，该问题对于低重频雷达尤为重要。因此，就现有可能的雷达抗干扰途径，下面给出三个有待进一步研究的重要方向：

(1) 基于探测信号选择和接收信号处理来破坏有源欺骗干扰信号。

(2) 采用基于雷达特征的识别方法鉴别未被破坏的欺骗干扰信号。

(3) 基于雷达空间–频谱特征提取额外的杂波参数信息以提高空间分布杂波的相干补偿效率。

下面简要介绍对抗上述类型干扰的主要关注点和努力方向。立足现阶段雷达技术发展水平并结合主动和被动对抗方法后，我们有充分的理由相信，通过传统方法 (如降低天线副瓣电平、采用极化和时域有源噪声干扰自动补偿器) 基本上可成功应对副瓣有源噪声干扰，而本书的方法则有助于进一步提高抗副瓣干扰的性能，这是因为特殊调制类型的探测信号结合回波相干积累之后可提高雷达信号的隐蔽性与模仿难度。

多假信号干扰主要是针对工作于搜索模式的监视雷达和制导雷达，采用特殊调制类型的探测信号并结合回波相干积累，可有效破坏距离前置的假信号，从而有助于解决抗多假信号干扰问题。

制导雷达抗距离和速度拖引干扰问题的形势最为严峻，因为距离或速度大概率被拖偏也意味着角跟踪回路被破坏。该问题可通过同时采用下列措施来解决：

(1) 采用特殊调制类型的探测信号并结合回波相干积累，有效破坏距离前置的拖引干扰。

(2) 基于作者首创的幅相谱特征识别检测到的目标并选出未受破坏的干扰，作为一种特殊的谱分析，幅相谱特征是对一组距离–速度单元内的回波信号幅度和相位调制分别做独立谱分析的结果。标记好的目标和干扰的幅相谱特征，可用来分析真目标信号与干扰信号之间的重要差异。

抗体杂波干扰 (偶极子云和气象杂波) 问题可在相干积累后采用一种新的相干杂波补偿方法。该方法的杂波凹口随杂波的多普勒频率、谱宽和形状自适应地改变，而杂波谱的结构信息则是从空间–频谱特征的处理结果中得到。新方法不仅可提供最佳的杂波补偿特性 (杂波白化)，而且与提升抗干扰能力的共性技术 (特殊调制类型的探测信号加相干积累) 兼容。

关于抗干扰问题，本书提出的主要解决方案可归纳为下列步骤：

(1) 选择具有隐蔽性和反模仿能力的探测信号类型与参数。

(2) 脉间相干处理 (即传统谱分析) 辅以探测信号的特殊性质可破坏前置假信号干扰，而特殊谱分析得到的幅相谱特征包含了目标和有源欺骗干扰更多的信息。

(3) 在自动检测器中选择和补偿体杂波干扰。

(4) 在识别与抗干扰系统中识别目标并剔除距离–速度域的假信号干扰。

对于未被破坏的有源欺骗干扰信号[①]，需要利用目标和干扰的信号特征及坐标特征的差异来鉴别干扰。信号特征的自变量可以是一元 (参变量) 或多元 (参变量)，对应的特征分别称为一维或多维雷达信号特征[92]，而每维特征的元素可以是单个也可以是多个。这样，传统上可将一维雷达信号特征理解为由某坐标变量 (或参变量) 分辨单元内的信号构成的一组复幅度，表示为列矢量 $\boldsymbol{\xi} = [\xi_1, \xi_2, \cdots, \xi_n, \cdots, \xi_N]^T$，其中，$n = 1, 2, \cdots, N$，$N$ 为特征元素的数目。Z 维组合信号特征也可用复幅度的列矢量形式表示为

$$\boldsymbol{\xi} = \big[\xi_{1,1,\cdots,1}, \xi_{2,1,\cdots,1}, \cdots, \xi_{N_1,1,\cdots,1}, \xi_{1,2,\cdots,1}, \xi_{2,2,\cdots,1}, \cdots, \xi_{N_1,2,\cdots,1}, \quad (1.1)$$
$$\cdots, \xi_{N_1,N_2,\cdots,N_Z}\big]^T$$

$$n_1 = 1, 2, \cdots, N_1, \; n_2 = 1, 2, \cdots, N_2, \; \cdots, \; n_Z = 1, 2, \cdots, N_Z$$

式中：Z 为特征空间的维数；$\boldsymbol{\xi}$ 共包含 $(N_1 \cdot N_2 \cdots N_Z)$ 个元素。

坐标特征的自变量也可以是一元 (参变量) 或多元 (参变量)，对应的特征分别称为一维或多维雷达坐标特征，坐标特征的元素同样可以是单个或者是多个。这样，传统上可将一维坐标特征理解为某坐标变量 (或参变量) 的离散时间序列，表示为列矢量 $\boldsymbol{H} = [h_1, h_2, \cdots, h_j, \cdots, h_J]^T$，其中，$j = 1, 2, \cdots, J$，$J$ 为特征元素的数目。Z 维组合坐标特征包含了不同维特征之间的相关信息，同样可用样本的列矢量形式表示为

$$\boldsymbol{H} = \big[h_{1,1,\cdots,1}, h_{2,1,\cdots,1}, \cdots, h_{J_1,1,\cdots,1}, h_{1,2,\cdots,1}, h_{2,2,\cdots,1}, \cdots, h_{J_1,2,\cdots,1}, \quad (1.2)$$
$$\cdots, h_{J_1,J_2,\cdots,J_Z}\big]^T$$

$$j_1 = 1, 2, \cdots, J_1, \; j_2 = 1, 2, \cdots, J_2, \; \cdots, \; j_Z = 1, 2, \cdots, J_Z$$

式中：Z 为坐标特征空间的维数；$\boldsymbol{H}$ 中共包含 $(J_1 \cdot J_2 \cdots J_Z)$ 个元素。位置 (距离、方位角和俯仰角)、速度以及这些量的导数可构成坐标特征空间[②]。

雷达信号特征 $\boldsymbol{\xi}$ 和坐标特征 $\boldsymbol{H}$ 的联合处理可提供最佳的识别性能[③]。

1.4　一种先进的雷达抗干扰架构

前面的分析表明，现代及下一代的监视雷达和制导雷达都应配备图1.2所示的目标识别与欺骗干扰鉴别系统。在此类雷达系统中，抗干扰问题的解决是通过控制探测信号类型和参数来破坏距离前置干扰，同时基于雷达信号特征和坐标特征对自动检测估计器的输出结果进行判别以剔除干扰。

目标识别与欺骗干扰鉴别系统包含两个子系统：

---

① 译者注：此类干扰信号与信号收发路径的处理相匹配。
② 译者注：当每维元素的个数等于 1 时，该特征空间即目标跟踪或状态估计问题中的运动状态空间或

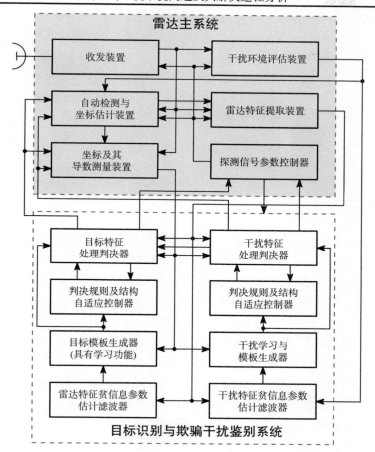

图 1.2　雷达设备中的目标识别与欺骗干扰鉴别系统结构图

(1) 目标识别子系统，包括目标特征处理判决器、判决规则及结构自适应控制器、目标模板生成器 (具有学习功能) 以及目标特征弱信息参数估计滤波器，它可以适应先验未知的目标弱信息参数并自适应地改变判决器的结构和判决规则。

(2) 欺骗干扰识别与剔除子系统，包括干扰特征处理判决器、判决规则及结构自适应控制器、干扰学习与模板生成器以及干扰特征弱信息参数估计滤波器，它可以适应先验未知的干扰弱信息参数并自适应地改变判决器的结构和判决规则。

采用上述架构的识别与抗干扰系统具有如下特点和优势：

(1) 通过学习过程消除了多假信号和拖引干扰参数的不确定性，这是因为

———————————

量测空间。

③ 译者注：2003 年之后备受学界关注的联合跟踪识别即遵循了该思路。

多假信号之间具有相似性而拖引干扰参数在拖引期间具有重复性。

(2) 通过自适应估计滤波消除了目标和干扰弱信息参数的先验不确定性。

(3) 通过评估识别性能的信息指标自适应地调节识别系统的结构和判决规则，确保了识别性能 (主要由正确和错误识别率表征)。

1.5　本书抗干扰方法的特点

干扰的种类繁多，本书的讨论仅限于下面两种主要类型干扰的对抗问题。

(1) 有源欺骗 (智能) 干扰。

(2) 体杂波干扰，含偶极子云和气象杂波。

该问题的解决将涉及雷达的三个主要任务阶段。

(1) 检测：从背景干扰中检测目标。

(2) 识别：识别已发现目标 (空中和地面目标) 的类别或型号。

(3) 跟踪：测量和估计目标的位置及运动参数。

关于性能评价准则，本书主要采用贝叶斯准则 (最小平均风险) 及其诱导准则，如极小极大准则、最大后验准则、最大似然准则等。

在上述三个工作阶段解决抗干扰问题时，需要利用目标和干扰的信号特征与坐标特征，本书考虑的特征空间主要包括下列特征。

(1) 探测信号的参数，如极化和波长等。

(2) 回波信号和欺骗干扰的参数，如多普勒频率和信号功率等。

(3) 噪声干扰的参数，如干扰功率、频谱宽度和载频等。

(4) 坐标量测，如距离、方位角、俯仰角及全维速度矢量等。

本书的抗干扰问题均是在目标和干扰特征参数非平稳或准平稳的条件下讨论的，因此需要基于短时平稳假设并利用时域滤波来估计特征参数分布律的各阶统计矩。

本书优先考虑有源欺骗干扰主要是因为其危险性和灵活性，而且一部工作在时间共享模式的干扰机可同时干扰多部雷达。有源欺骗干扰的一个固有特征是必须由电子干扰系统的侦察接收机来侦收和识别雷达探测信号。当完成信号截获和雷达识别后，侦察接收机将发送指令给干扰机以选择针对此型雷达最为有效的干扰，与此同时，侦察接收机周期性的监控雷达探测信号的存在性及其参数。若未能侦收到雷达探测信号，则停止欺骗干扰，干扰机此时要么停止工作，要么转入有源噪声干扰模式，利用这一点可测量干扰机的坐标并引导制导武器。

结合本章的分析，可从下面两个角度理解雷达隐蔽。

(1) 通常意义上的探测信号不被截获。

(2) 在探测脉冲串尾部截获信号以致当前观测周期内无法形成有效干扰。

第 2 章　探测信号选择与接收信号处理

2.1　雷达抗干扰与隐蔽的通用指标

　　补偿和鉴别是对抗有源和无源干扰的重要手段，但有源干扰还可通过雷达隐蔽工作来避免，因此可将雷达抗干扰的发展方向概括为：

　　(1) 基于干扰与回波信号的空间、时间和极化特性差异补偿噪声压制干扰。

　　(2) 鉴别并剔除有源欺骗干扰。

　　(3) 将有源干扰作为干扰源定向的有用信号。

　　(4) 雷达隐蔽工作。

　　下面对雷达抗干扰指标作简要的讨论。雷达抗干扰指标，既可以是描述整部雷达的通用性指标，又可以是描述特定工作模式下针对特定类型干扰的具体性指标。寻找通用抗干扰指标的复杂性源于这样的事实——有源干扰本身会成为主被动雷达的有用信号。但对于噪声压制干扰，通用性指标相对简单，可由一套特定的抗干扰指标完全描述。

　　雷达抗噪声压制干扰的通用指标可采用相干处理器输出端的信噪比，它决定了检测性能、测量精度和识别性能，可表示为

$$\rho = \frac{1}{K_{\text{p}\Sigma}} \cdot \frac{\sigma_s^2 T_0 \Delta f_0 K_s(V_r) F_z^4(\varepsilon)}{\left(N_0 + \dfrac{N_{\text{ahp}}}{v_{\text{akp}}}\right)\Delta f_0 + \dfrac{\sigma_{\text{mos}}^2}{v_{\text{Is}}} + \dfrac{\sigma_{\text{mov}}^2}{v_{\text{Iv}}}} \cdot v_{\text{II}} \tag{2.1}$$

式中：T_0、Δf_0 分别为探测信号的脉冲宽度和带宽，二者的乘积反映了信号的基本特性；σ_s^2 为天线系统 (空间滤波器) 输出端的回波信号功率；σ_{mos}^2、σ_{mov}^2 与 v_{Is}、v_{Iv} 分别为面杂波和体杂波的回波功率与相干补偿效率；N_0 为接收机内部噪声的功率谱密度；N_{ahp}、v_{akp} 分别为天线系统输出端的有源噪声功率谱密度及其空间相干补偿效率；v_{II} 为跨周期相干积累效率；$K_s(V_r)$ 为杂波相干补偿器中回波信号的功率转换系数 (幅度–速度特性)，与径向速度 V_r 有关[9,58]；$K_{\text{p}\Sigma}$ 为总损耗因子，包括天线波导、接收机、大气传输及其他因素导致的发射和接收信号损失；$F_z(\varepsilon)$ 为以角度 ε 观测目标时的传播因子。

　　当使用式(2.1)时，需要注意的是系统中可能存在非相干积累以及构建自动检测器时的不同选项，包括影响检测性能的判决准则、自动检测器结构以及检测门限。

　　根据式(2.1)可知，雷达抗无源干扰的性能由下列参数决定：

(1) 分辨单元的体积 $\Delta V_\mathrm{p} = \Delta\varepsilon\Delta\beta r^2\Delta r$，其中，$\Delta r$ 为距离分辨率，$\Delta\beta$ 和 $\Delta\varepsilon$ 分别为方位和俯仰角分辨率 (由探测信号波长与天线孔径之比确定)，r 为分析单元对应的距离值，ΔV_p 决定了分析单元内的杂波干扰功率。

(2) 杂波谱的副瓣电平 (杂波干扰的谱密度 $S_\mathrm{mos(v)}(\omega)$[58] 及谱峰的衰减率) 及杂波起伏的谱宽，与探测信号的波长 λ 和杂波干扰的类型有关。

(3) 杂波干扰的相干补偿效率 $v_\mathrm{Is(v)}$。

(4) 残余杂波 (杂波谱的副瓣) 背景下的相干积累效率 v_II。

对于来自天线副瓣的有源噪声干扰，雷达抗干扰性能由下列参数决定：

(1) 探测信号的隐蔽性及其参数的动态变化，它最终决定了副瓣有源噪声干扰的谱宽 Δf_ahp 及谱密度 N_ahp。

(2) 发射天线副瓣电平 η_tm 与接收天线副瓣电平 η_rs，它们决定了 N_ahp 的大小以及电子干扰系统侦测探测信号参数与释放干扰的能力。

(3) 副瓣有源噪声干扰的相干补偿效率 v_akp。

(4) 相干积累效率 v_II。

此外，雷达抗噪声干扰的能力还取决于雷达的可用能量 (决定于探测信号的能量和天线增益)。探测信号能量的最简表示形式为

$$Q_0 = P_0 T_0 \frac{T_\mathrm{N}}{T_\mathrm{r}} \tag{2.2}$$

式中：T_N 为观测时间；T_r 为探测信号的脉冲重复周期；P_0 为脉冲峰值功率[①]。此外，传播因子 $F_z(\varepsilon)$ 会影响实际条件下雷达的可用能量，它由工作波长 λ、天线高度 h_a、探测距离以及目标高度 h_t (它们共同决定俯仰角 ε) 决定[10-11,15,63,66]。

雷达隐蔽是对抗所有有源干扰的一个重要研究方向，可用电子干扰系统对雷达信号的侦察距离来表征。电子侦察接收机的侦察距离直接决定了有源噪声干扰和有源欺骗干扰的作用距离，由电子对抗系统侦察接收机相干处理器输出端的信噪比决定[31]：

$$\gamma_\mathrm{pr,rtr} = \frac{\sigma_\mathrm{s.rls}^2}{(N_\mathrm{0rtr} + N_\mathrm{artr})\Delta f_\mathrm{pr.rtr}} \tag{2.3}$$

式中：$\sigma_\mathrm{s.rls}^2$ 为雷达信号在电子侦察天线输出端的功率；$N_\mathrm{0rtr} = k_\mathrm{B}K_\mathrm{sh.rtr}T_\mathrm{0rtr}$ 为侦察接收机内部噪声的功率谱密度，其中 $K_\mathrm{sh.rtr}$ 为侦察接收机的噪声系数，对宽带接收机而言，其取值范围通常为几十到几百，$k_\mathrm{B} = 1.38\times10^{-23}\mathrm{W\cdot s/K}$ 为玻耳兹曼常数，T_0rtr 为侦察接收机天线的噪声温度[②]；N_artr 为侦察接收机分析频带内的外部干扰谱密度；$\Delta f_\mathrm{pr.rtr}$ 为侦察接收机相干处理器的分析带宽，通常与雷达探测信号带宽相匹配，如 100MHz。

---

① 译者注：原著中无 P_0 的解释，这里根据上下文作了补充。
② 译者注：原著中符号为 T_rtr^0 且缺少说明，这里根据上下文对符号做以修正和补充说明。

雷达探测信号经天线副瓣辐射，到达精确瞄向雷达的电子侦察天线端，所输出功率可由下式给出：

$$\sigma_{\text{s.rls}}^2 = \frac{P_0 G_{\text{tm}}}{4\pi r_{\text{pp}}^2} \frac{\lambda^2 G_{\text{pr.rtr}}}{4\pi} \eta_{\text{tm}} F_z^2(h_a, H_{\text{pp}}, r_{\text{pp}}) \tag{2.4}$$

式中：$G_{\text{pr.rtr}}$ 为电子侦察接收天线增益；$F_z(h_a, H_{\text{pp}}, r_{\text{pp}})$ 为传播因子[4,10-11,15,65]；r_{pp} 为雷达距电子侦察接收机的距离；η_{tm} 为雷达发射天线的副瓣电平；H_{pp} 为电子侦察接收机的天线高度①。

电子侦察接收机的性能取决于它对雷达信号的参数测量精度、截获概率 D_{rtr} 和虚警概率 F_{rtr} 等统计指标。为了确保性能，侦察接收机相干处理器的输出信噪比必须达到一定要求 $\gamma_{\text{rtr.tr}}(D_{\text{rtr}}, F_{\text{rtr}})$。因此，为避免侦察接收机对雷达信号的有效侦察，雷达探测信号需满足下述不等式②：

$$\gamma_{\text{pr.rtr}} < \gamma_{\text{rtr.tr}}(D_{\text{rtr}}, F_{\text{rtr}}) \tag{2.5}$$

将式(2.3)和式(2.4)代入式(2.5)，则可得到关于雷达副瓣辐射功率的不等式③：

$$P_0 G_{\text{tm}} \eta_{\text{tm}} < \gamma_{\text{rtr.tr}} \frac{(4\pi r_{\text{pp}})^2}{\lambda^2 G_{\text{pr.rtr}} F_z^2(h_a, H_{\text{pp}}, r_{\text{pp}})} (N_{0\text{rtr}} + N_{\text{artr}}) \Delta f_{\text{pr.rtr}} \tag{2.6}$$

式(2.6)确定了雷达探测信号空时参数的复杂关系。在雷达峰值功率固定的条件下，式(2.6)要求尽量降低雷达天线(空间滤波器)的副瓣电平，即

$$\eta_{\text{tm}} < \gamma_{\text{rtr.tr}} \frac{(4\pi r_{\text{pp}})^2}{P_0 G_{\text{tm}} \lambda^2 G_{\text{pr.rtr}} F_z^2(h_a, H_{\text{pp}}, r_{\text{pp}})} (N_{0\text{rtr}} + N_{\text{artr}}) \Delta f_{\text{pr.rtr}} \tag{2.7}$$

考虑主要的抗干扰指标，关于雷达探测信号的时域结构及接收信号处理可形成如下结论：

(1) 采用宽带相干序列是降低探测信号峰值功率的重要手段，大带宽、低功率和复杂调制波形将是降低电子侦察系统侦收距离的发展趋势。

(2) 当雷达使用长脉冲或码元长度超过 1000 且调制规律伪随机变化的连续相位编码信号时，信号侦收及其参数分析对侦察接收机而言将特别复杂，如调制规律和码长伪随机变化的 M 序列 QPSK 信号，但雷达却可通过信号的相关处理轻松实现。

(3) 在选择探测信号参数时，除考虑隐蔽性和抗有源欺骗外，还要考虑抗杂波 (无源) 干扰方面的需求。

(4) 雷达抗干扰能力取决于探测信号空时参数的复杂关系。

---

① 译者注：原著中缺少对 H_{pp} 的说明，这里根据上下文做了补充。
② 译者注：原著中不等式两边大小关系有误，已修正。
③ 译者注：原著不等号右边分子丢失了一个 4π 因子，已修正。

　　主动对抗方法是对抗电子侦察接收机的另一个独立分支。一个典型例子就是通过与雷达天线副瓣具有相同空间特性的辅助天线向外辐射不同于雷达载频的假信号，迫使电子干扰系统将干扰功率平均分配给所有信号，从而降低有源噪声干扰的功率谱密度或欺骗干扰的功率。一般来讲，假信号可沿雷达天线主瓣或副瓣辐射，但最为合理且又简单的是沿雷达天线副瓣辐射假信号，此时，辅助天线辐射的假信号功率应与雷达天线副瓣辐射的探测信号功率相当。为此，当采用增益为 G_{tr-Lt} 近乎全向的辅助天线发射假信号时，相应的假信号发射机的输出功率 P_{0Dt} 必须满足条件：

$$P_{0Dt} \geqslant \frac{P_0 G_{tm} \eta_{tm}}{G_{tr-Lt}} \tag{2.8}$$

　　为了增大敌方确定雷达探测信号频率的难度，需要按照伪随机规律周期性地切换假信号和探测信号的频率。

2.2　探测信号选择与接收处理的一般原则

　　选择探测信号的类型与参数以确保雷达在主工作模式下满足抗干扰需求，这是一项非常困难的任务。许多文献都已经不同程度地讨论了各种探测信号的性质及其接收信号处理，如文献 [18-20,23,47,49,67,75,81]。然而，目前尚未有公开文献结合现代电子对抗条件来讨论该问题的系统性解决方法。

　　在解决该问题时，必须考虑雷达的基本技战术特性及研制完成后整个寿命周期内可能面临的干扰环境。同时需要指出的是，仅靠探测信号选择不能解决所有的抗干扰问题。由于探测信号可由空域、极化和时域结构来描述，因此不可能脱离空域、极化和时域的处理问题而孤立地看待探测信号选择问题。

　　当采用新型收发装置及与之对应的信号处理器后，方有可能应用一些新型探测信号，此时需要构建全新的收发处理链路，因此适于新型雷达研制。但实际中也还存在大量用途各异的雷达，它们无法有效对抗现代电子干扰，这时可利用本书的研究成果开展升级改造。因此，探测信号选择主要有两个研究方向：

　　(1) 为下一代监视雷达和制导雷达选择探测信号的类型与参数。

　　(2) 分析运用现役雷达的探测信号并结合书中的接收信号处理方法来鉴别有源欺骗干扰。

　　在这两方面的研究中，提高抗杂波干扰效能尤其是抗体杂波的效能尤为重要。体杂波干扰的特殊之处在于受风影响而产生的复杂运动，从而导致极低的杂波补偿效率。

　　在选择探测信号类型与参数时，需要考虑雷达系统的用途和基本特性，具体可分为以下几类：

　　(1) 远、中、近程监视雷达。

(2) 远、中、近程制导雷达。

(3) 防空导弹雷达导引头。

一般而言，探测信号可以为单个或者序列形式[58]。从有源和无源干扰条件下信噪比最大化的观点来看，脉冲 ($T_r \gg T_0$)、准连续波 ($T_r \geqslant T_0$ 且 $T_r/T_0 = 1 \sim 10$)、连续波等信号的序列形式更受青睐。调制样式可以是脉冲内或脉组内的相位、频率与极化调制，也可采用无调制的单频探测信号。

需要指出的是，不同调制的组合探测信号[31] 在目标检测和初始坐标估计阶段具有全面的优势，比如准连续波信号和脉冲信号的组合，或者单频和调相 (或调频) 连续波信号的组合。组合探测信号在应对不同干扰时的优势在于它整合了每种调制信号的优点。此外，由于组合信号是顺序使用的，例如，在目标探测阶段可先采用抗噪性能较好的探测信号实现目标检测与部分参数 (如多普勒频率) 的估计，接下来再最终确定目标的坐标，因此它的另一大优势是可显著降低接收信号处理的硬件成本。当然，组合探测信号也存在缺点，使用它将不可避免地增加分辨单元的驻留分析时间，进而增加空域的搜索时间。

雷达技战术特性是影响探测信号类型选择的最主要因素，例如：

(1) 抗地海面、偶极子云和云雨等杂波干扰的要求。

(2) 抗有源噪声和有源欺骗干扰的要求，核心在于雷达隐蔽与干扰的适应性。

(3) 监视区域的范围、参数及扫描时间要求，它们共同决定了各分辨单元的目标观测时间 (驻留时间) T_N。

(4) 多普勒跟踪的要求。

从抗干扰角度看，现有雷达可分为两类。第一类雷达要求具备很强的抗有源干扰和抗杂波能力，能够适应强地海杂波 (探测低空目标)、偶极子云干扰和气象杂波，包括：

(1) 精密跟踪与武器控制雷达 (如制导雷达)。

(2) 专用的低空目标监视雷达（如补盲雷达）。

众所周知，这类雷达的观测区域通常为有限搜索扇区 (制导雷达) 或者低高度圆形扇区 (低空补盲雷达)，当其视场内检测到大量目标时，进行无模糊测距并非最紧迫的任务。

第二类为中程和远程多功能监视雷达，当其天线主瓣内同时存在多个目标时，需要无模糊测距。与无模糊测距要求不同的是，这类雷达的抗杂波功能要求在后台运行，其抗有源干扰问题可通过下面几个途径解决：

(1) 采用多频探测信号，迫使敌方在更宽频带内分配干扰功率，从而降低有源噪声干扰的功率谱密度。

(2) 采用快速 (脉间) 频率捷变并结合非相干积累或标准相干处理。

(3) 采用超低功率宽带脉冲串信号增强雷达的隐蔽性。

(4) 采用空间极化干扰自动补偿器抑制有源噪声干扰。

(5) 采用低副瓣天线。

2.3 基于变参数信号与谱分析的抗有源欺骗干扰方法

接收信号的脉间相干积累 (频谱分析) 通常可显著提高雷达的噪声适应能力与隐蔽性，进而改善雷达抗有源噪声和有源欺骗干扰的性能。

另外，频谱分析结合探测信号脉间结构的随机或伪随机变化后还可破坏有源欺骗干扰的频谱结构[32]。由于有源欺骗干扰会导致雷达检测跟踪性能出现严重退化，因此该问题的研究显得尤为重要。本节讨论文献 [32] 提出并使用的有源欺骗干扰对抗方法。

有源欺骗干扰旨在向雷达系统提供目标存在性、数量和位置等方面的虚假信息[1,5-8,17,45-46,57,70-71,95]。干扰发射机通常具有一组延迟可控的通道，且每个通道还含有模拟多普勒频移的相位调制器。考虑多假信号干扰与一个真目标的情形，它会影响雷达检测器，导致在不同距离单元上出现假目标，而且这些假目标可位于目标前方 (前置假信号) 或者后方 (后置假信号)。

2.3.1 多假信号干扰的时域数学模型

为了形成后置假信号，需要真目标上的干扰转发器对雷达信号做一定的延迟，且与雷达信号双程传播时间之和小于雷达脉冲重复周期。对于前置假信号，延迟时间与雷达信号双程传播时间之和应大于雷达脉冲重复周期。雷达接收的多假信号干扰可表示为

$$\vartheta_g(t) = E_{\mathrm{I}g}(t)U_L(t - t_{\mathrm{I}g}) \exp\left[\mathrm{i}\left((\omega_0 + \Omega_{\mathrm{ds}})t + \varphi_{\mathrm{I}g}(t)\right)\right], \quad g = 1, 2, \cdots, G \quad (2.9)$$

式中：$E_{\mathrm{I}g}(t)$、$\varphi_{\mathrm{I}g}(t)$ 分别为第 g 个假信号的幅度和初相变化律；$U_L(t) = \sum_{l=1}^{L} U_{0l}\left(t - \sum_{l \geq 2, q=1}^{l-1} T_{rq}\right) \exp[\mathrm{i}(\Delta\omega_l t + \phi_l)]$ 是长为 L 的脉冲串探测信号的调制律，其中 $U_{0l}\left(t - \sum_{l \geq 2, q=1}^{l-1} T_{rq}\right)$、$\phi_l$、$\Delta\omega_l$ 分别为第 l 个脉冲的包络调制、初始相位和附加频移，T_{rq} 为第 $q+1$ 个脉冲的重复间隔 (第 q 个脉冲和第 $q+1$ 脉冲的间隔时间)；$t_{\mathrm{I}g} = \left(2r_t/c + \Delta t_g\right)$ 为第 g 个假信号的回波延迟，包括径向距离 r_t 引起的双程延迟和干扰转发器附加的信号延迟 Δt_g，相应的假目标距离偏移量 $\Delta r_g = \Delta t_g c/2$；$\omega_0 = 2\pi f_0$ 为探测信号载频对应的角频率；$\Omega_{\mathrm{ds}} = 4\pi V_r/\lambda$ 为载有干扰转发器的真目标径向速度 V_r 引起的多普勒角频率；$\lambda = 2\pi c/(\omega_0 + \Delta\omega_l)$ 为第 l 个脉冲信号的波长[①]；G 为假信号的数量。

对于后置假信号，转发器的附加信号延迟应对每个 l 都满足 $\Delta t_g <$

---

① 译者注：因 $\Delta\omega_l$ 随 l 变化，故引起 λ 变化，但当 $\Delta\omega_l \ll \omega_0$ 时，可忽略 $\Delta\omega_l$ 对 λ 的影响。

$(T_{rl} - 2r_t/c)$；对于前置假信号，转发器的附加信号延迟应满足 $\Delta t_g > (T_{rl} - 2r_t/c)$，其中隐含假信号先于下一周期的目标信号到达且脉冲重复周期不变的假设，对应的假目标距离为[①]

$$r_g = \frac{c}{2}\left(\frac{2r_t}{c} + \Delta t_g - T_{rl}\right)$$

第 g 个假信号的初相是由两个分量构成，即

$$\varphi_{lg}(t) = \varphi_{Mg}(t) + \varphi_{Zg}(t)$$

式中：$\varphi_{Mg}(t)$ 为干扰转发器的信号相位调制律；$\varphi_{Zg}(t) = 2\pi c \Delta t_g / \lambda$ 为因转发器延迟而引入的附加相位。由于 $\partial \Delta t_g / \partial t$ 的存在，会给假信号引入额外的多普勒频移 $\Omega_{Zg}(t) = (2\pi c/\lambda) \cdot (\partial \Delta t_g / \partial t)$。但实际中很难控制转发信号时延平滑变化以同时模拟多普勒频率偏移和距离偏移，因此多普勒欺骗主要是通过假信号的相位调控来产生多个干扰谱线。

2.3.2 基于探测脉冲参数调控的抗多假信号干扰方法

通过分析真目标回波与假信号在空域、时域和频域的结构差异，可有效对抗多假信号干扰。分析中有必要区分：

(1) 因目标二次调制谱引起的真假信号频谱差异。

(2) 因转发器中多假信号时延引起的时频差异。

本节讨论仅限于通过调控雷达探测信号参数使真假信号产生时频差异以对抗多假信号干扰的可能性。对于脉冲串中的每个脉冲 l，探测信号可调控的参数包括：

(1) 复包络 $U_{0l}\left(t - \sum\limits_{l \geq 2, q=1}^{l-1} T_{rq}\right)$。

(2) 初始相位 ϕ_l。

(3) 重复间隔 T_{rl-1}。

(4) 载波频率 $\omega_0 + \Delta \omega_l$。

其中：脉冲重复间隔 T_{rl-1} 和初始相位 ϕ_l 最容易逐脉冲调控。

2.3.2.1 脉冲重复间隔调控

假设探测信号载频不变 $(\Delta \omega_l = 0, l = 1, 2, \cdots, L)$，且通过将接收信号转换至中频或视频后可补偿初始相位 ϕ_l[31]。当逐脉冲调控相干脉冲串信号的脉冲重复间隔时，虽然回波信号的非相干积累和相干积累都是可用的，但需要经过一些特殊的处理。

与脉冲重复间隔固定的情形相比，由于脉冲重复间隔变化情形下接收信号样本序列的时间非均匀采样特性，信号频谱会分裂为主频谱分量和若干次

---

① 译者注：原著等式右边遗失了因子 c 且正负号有误，这里已修正。

生频谱分量[28,31]，因此会造成相干积累损失。需要特别强调的是，上述积累损失的出现是因为在相干积累前未对目标回波作任何补偿。通过在相干积累前补偿目标本体回波的多普勒，则可避免这种损失，此时目标本体回波不会分裂为多个频谱分量。但对目标本体多普勒的有效补偿不能避免目标活动部件二次调制谱分量的积累损失，因为活动部件仍存在未补偿的多普勒频率。

对于变脉冲重复间隔的信号，离散傅里叶变换 (DFT) 是最简单的相干积累方法。考虑到信号序列的非均匀采样特性，相干积累算法的形式为：对于任意的 $k = 0, 1, \cdots, L-1$，有

$$G_f(k\Omega_p) = \sum_{l=1}^{L} W(l) F\left(t_r + \sum_{l \geq 2, j=1}^{l-1} T_{rj}\right) \exp\left[-ik\Omega_p \sum_{l \geq 2, j=1}^{l-1} T_{rj}\right] \quad (2.10)$$

$$G_f(k\Omega_p) = \sum_{l=1}^{L} W(l) F\left(t_r + \sum_{l \geq 2, j=1}^{l-1} T_{rj}\right) \exp\left[-ik\Omega_p(l-1)T_{rs}\right] \quad (2.11)$$

式中：$G_f(k\Omega_p)$ 为谐振频率为 $k\Omega_p$ 的第 k 个数字滤波器输出的复幅度；$\Omega_p = 2\pi/(LT_{rs})$ 为相邻两个数字滤波器的频率间隔；$W(l), l = 1, 2, \cdots, L$ 为窗函数[77]，用于抑制有限观测时长引起的频率副瓣；$F\left(t_r + \sum_{l \geq 2, j=1}^{l-1} T_{rj}\right)$ 为脉内信号处理器输出的 $t = t_r + \sum_{l \geq 2, j=1}^{l-1} T_{rj}$ 时刻的回波复幅度，对应距离为 $r = ct_r/2$ 处的目标；c 为电磁波传播速度；$T_{rs} = \sum_{l=1}^{L} T_{rl}/L$ 为脉冲重复间隔的平均值。

虽然式(2.10)和式(2.11)的 DFT 算法都是可行的，但式(2.11)更受青睐。它的第一个优点是当多普勒频率补偿后或其值为零时没有次生频谱分量，因此不会造成能量损失；第二个优点是它可简单地转换成快速傅里叶变换 (FFT)。

在脉冲雷达系统中，通常会因杂波处理而导致"盲速"问题[9,58]，包括对地海面静止反射体及速度 $V_{rs} = n\lambda/(2T_{rl})$ 的运动目标，其中 n 为任意非零整数。当采用可变脉冲重复间隔的探测信号时，由于回波信号的次生频谱分量可能会跳出杂波区，因此可用于解决杂波中的目标检测问题。

对于可变脉冲重复间隔的信号，非相干积累极为简单。此时，由于前置假信号会在目标周围的距离单元内随机分布，因此具有抗前置假信号的能力，但由于缺少基于相干积累增益，检测信噪比不会增加。因此，对于多假信号干扰条件下的目标检测，相干积累可获得更好的检测性能。

为了有效对抗前置假信号干扰，确定探测信号脉冲重复间隔的变化量 $\Delta T_{rl} = (T_{rl} - T_{rl-1})$ 时应考虑：

(1) 需要逐脉冲地改变前置假信号的位置以避免其出现在同一距离单元内而形成相干积累。

(2) 干扰转发器内部 ΔT_{rl} 变化的不可预测性。

因此，可通过随机地改变 $\Delta T_{rl} \geq (2\Delta f_0)^{-1①}$，使得脉冲重复间隔 T_{rl} $(l = 1, 2, \cdots, L-1)$ 在 $T_{rmin} = (T_{rmax} - L/(2\Delta f_0)) \sim T_{rmax}$ 之间随机均匀分布，其中，Δf_0 为脉冲信号的带宽，它决定了距离单元的分辨率 Δr。

需要指出的是，当采用非相干积累方法处理变脉冲重复间隔信号时，应尽可能地增大脉冲数 L；相反，当采用相干积累方法时，应尽量减小脉冲数以避免因时域非均匀采样引起的积累损失。

时域非均匀采样的次生频谱分量同样会影响雷达频谱特征的识别效果。此时应随机地放弃脉冲重复间隔的调控，转而去控制探测信号的其他参数。

2.3.2.2　初相调控

探测信号的初相调控非常重要，原因在于：① 由于采用当前探测脉冲作为相位参考可有效破坏前置假信号在混频器输出端的频谱结构，因此具有抗多假信号干扰的能力；② 对于无模糊距离 $(r_{od} = cT_r/2)$ 范围内的目标回波，频谱结构不受影响；③ 生成初相随机变化的探测信号序列在技术上极为简单，采用简单的磁控管发射机即可实现。

当使用中低重复频率的脉冲探测信号时，多普勒频移估计通常存在模糊。因此，在多普勒先验信息不确定性的条件下，最好不要改变探测信号的载频 $(\Delta\omega_l = 0, l = 1, 2, \cdots, L)$，以免回波信号的相干性受到破坏。

考虑最简单的情形，假设脉冲重复间隔也是不变的，即 $T_{rq} = T_{rq-1}$ $(q = 2, 3, \cdots, L)$。此时，距离为 $r_t = ct_r/2$ 处的目标回波信号 $m(t)$ 和混频器本振信号 $U_{os}(t)$ 可分别表示为

$$m(t) = E_m(t) \sum_{l=1}^{L} U_{0l}\left(t - t_r - \sum_{l \geq 2, q=1}^{l-1} T_{rq}\right) \cdot$$

$$\exp[i\phi_l] \cdot \exp\left[i(\omega_0 + \Omega_{ds})t\right] \tag{2.12}$$

$$U_{os}(t) = E_{os} \sum_{l=1}^{L} \exp[i\phi_l] \cdot \exp\left[i(\omega_0 + \omega_{pr})t\right] \tag{2.13}$$

式中：ϕ_l 随当前周期的脉冲序号 l 而变；ω_{pr} 为中频接收机的中心频率②。

将式(2.12)的回波信号乘以式(2.13)本振信号的复共轭，便可将回波信号变换到中频，结果如下：

$$m(t) = E_m(t) \sum_{l=1}^{L} U_{0l}\left(t - t_r - \sum_{l \geq 2, q=1}^{l-1} T_{rq}\right) \exp\left[i(\Omega_{ds} - \omega_{pr})t\right]$$

---

① 译者注：该最小值对应半个距离分辨单元。
② 译者注：原著中无该符号的说明，这里依据上下文做了补充。

也就是说，当采用相干超外差接收时，随机初相 ϕ_l 将叠加在本振上并在混频器频率转换期间被补偿掉。

不同于目标回波信号的相干接收，前置假信号延迟一个周期接收，经混频器后的输出可表示为

$$\vartheta_g(t) = E_{1g}(t) \sum_{l=1}^{L} U_{0l} \left(t - t_{1g} - \sum_{l \geqslant 2, q=1}^{l-1} T_{rq} \right) \cdot$$
$$\exp\left[\mathrm{i}((\Omega_{\mathrm{ds}} - \omega_{\mathrm{pr}})t + \varphi_{1g}(t) + \phi_{l-1} - \phi_l) \right]$$

上式中，相位差 $\phi_{l-1} - \phi_l$ 是逐脉冲变化的随机量，因此前置假信号不能被相干积累。对于形成前置假信号所必须的延迟，哪怕只有一个周期，也会在接收时破坏其 Δf_0 范围内的梳状频谱结构。

应指出的是，随机初相还会破坏第二和第三重模糊距离范围内杂波干扰的相干性及其梳状频谱，当与相干积累结合后可对杂波抑制起到积极作用。

根据本节结果不难得出下列结论：

(1) 随机初相或变重复间隔的脉冲信号与接收信号谱分析相结合可有效抑制前置假信号，这是因为在每个探测信号周期内，转换和处理路径给前置假信号的接收时延和初始相位附加了随机偏移。

(2) 调控初相是对抗前置假信号最简单的方法，但实际中为了减小所分析距离单元内前置假信号的能量，可将初相调控与脉冲重复间隔调控结合使用。

2.4　基于频谱特征识别空中目标时的探测信号要求

频谱特征是 N 个频率单元内的一组复幅度信号 ξ_n ($n = 1, 2, \cdots, N$)，通过相干接收机的 N 个窄带滤波器可提取目标回波中的二次调制谱特征，同时可测量多普勒频率或速度。

2.4.1　二次调制机理及对探测信号的要求

回波信号的二次调制谱源自探测信号与目标上活动部件的交互作用：

(1) 对于空中气动目标——来自推进系统的旋转部件 (如涡喷发动机压缩机或涡轮的叶片、螺旋桨飞机的桨叶或直升机的主旋翼和尾翼) 和机身的振动部件。

(2) 对于地面车辆目标——来自轮或履带的旋转或规则运动部件以及本体的振动部件。

下面以空中目标为例简要介绍二次调制机理[28,35,68-69,80,87]。当螺旋桨 (或叶片) 旋转时，它相对雷达的位置和有效反射面积均发生变化，且变化过程是突变而非连续变化。

在给定的目标姿态角下，每片桨叶 (压缩机转子叶片或涡轮叶片) 在整周

旋转中某一位置处的有效反射面积最大，对应时刻的回波幅度也最大，因此其回波将表现为脉冲序列的形式 (即使采用单频探测信号)，对应的脉冲重复周期等于叶片旋转周期 (或轴的旋转周期)$T_{\mathrm{val}} = 1/f_{\mathrm{val}}$，其中 f_{val} 为螺旋桨 (叶片) 安装轴的旋转频率。旋转过程中桨叶 (叶片) 有效反射面积的变化规律与姿态角有关，它决定了回波脉冲的形状；回波脉冲的有效宽度则与桨叶 (叶片) 的形状、尺寸及轴速 (频率) 有关，可近似定义为 $T_{\mathrm{0lop}} = T_{\mathrm{val}} \Delta\varphi_{\mathrm{lop}}/(2\pi)$，其中 $\Delta\varphi_{\mathrm{lop}}$ 为桨叶 (叶片) 的角宽度，随目标姿态角变化。需要指出的是，单个回波脉冲的形状决定了信号包络，进而决定了二次调制谱的宽度及包络形状。

当考虑 N_{rci} 个叶片系统 (叶片环) 时，回波信号将是所有叶片回波的叠加，因此最大值的重复周期将减小为 $T_{\mathrm{kompr.i}} = T_{\mathrm{val}}/N_{\mathrm{rci}}$。螺杆结构 (压缩机或涡轮机的转子环) 的刚度可确保回波序列的相干性，由于二次调制序列的周期性和相干性，相应的二次调制谱具有梳状结构，且频谱中包含：高功率的谱线——对应压缩机或涡轮 (从后半球看目标) 的谱分量，其频率间隔 $F_{\mathrm{kompr.i}} = 1/T_{\mathrm{kompr.i}}$，功率水平相对机体谱分量 (目标本体的回波) 约为 $-15 \sim 0\mathrm{dB}$；低功率谱线——对应转轴频率的谱分量 (桨叶 / 叶片反射特性的差异所致)，其功率水平相对压缩机的谱分量低 $20 \sim 30\mathrm{dB}$，频率间隔等于转轴的旋转频率 f_{val}。压缩机谱线的有效数目由下面的比值决定：

$$N_{\mathrm{kom.aff}} = \frac{T_{\mathrm{kompr.i}}}{T_{\mathrm{0lop}}} = \frac{2\pi}{\Delta\varphi_{\mathrm{lop}} N_{\mathrm{rci}}}$$

为了使目标推进系统的压缩机或涡轮回波出现二次调制谱，探测信号的波长 λ 必须满足条件：

$$\lambda < \frac{4\pi R_{\mathrm{rc}} \sin\theta_{\mathrm{rt}}}{N_{\mathrm{rci}}} \tag{2.14}$$

式中：R_{rc} 为涡喷发动机压缩机 (或涡轮机) 的转子半径或飞机 (或直升机) 螺旋桨的桨叶尺寸；N_{rci} 为压缩机 (或涡轮机) 第 i 个转子环的叶片数或螺旋桨的桨叶数目；θ_{rt} 为目标姿态角，表示沿飞行方向上的目标几何轴与雷达视线间的夹角。

实际中，为了有效获取涡喷目标的频谱特征，雷达波长应该为厘米量级。

为了获得高保真的频谱特征，必须基于二次调制谱不混叠提出对探测信号脉冲重复频率的要求。目标回波的二次调制谱在频率 $f_0 + f_{\mathrm{ds}}$ 周围对称分布，分布范围 (频谱宽度) ΔF_{VM} 与目标类型有关。当采用厘米波照射涡喷目标时，$\Delta F_{\mathrm{VM}} \cong 50\mathrm{kHz}$。也就是说，为了获得无模糊的二次调制谱，探测信号的脉冲重复频率必须满足条件：

$$F_{\mathrm{r}} \geqslant 2 \cdot \frac{\Delta F_{\mathrm{VM}}}{2} = \Delta F_{\mathrm{VM}} = 50\mathrm{kHz} \tag{2.15}$$

这样，当雷达通过多普勒频移测得空中目标的速度后，则可无模糊地提取二次调制谱。

下面来看对雷达发射频率 f_0 的稳定度要求，这与频率分辨率的要求密切相关。频率分辨率 ΔF 通常需满足：

(1) 类型识别：$\Delta F = \Delta F_{II} \leqslant 5 \sim 10\text{Hz}$。

(2) 目标分类：$\Delta F = \Delta F_{II} \leqslant 200 \sim 450\text{Hz}$。

其中，ΔF_{II} 为相干积累滤波器幅频响应的带宽，它决定了频率分辨率。

首先回顾一下频率分辨率的定义：

$$\Delta F = \Delta F_{II} = \frac{1}{T_{KN}} \cong \frac{1}{T_N}$$

频率分辨率理论上是由相干积累时间 T_{KN} 决定，也可认为是由目标回波的观测时间 T_N 决定。考虑到所需的频率分辨率，基于频谱特征识别目标时的信号观测时间 T_N 必须满足：

(1) 类型识别：$T_N \geqslant 0.1 \sim 0.2\text{s}$。

(2) 目标分类：$T_N \geqslant 2.2 \sim 5\text{ms}$[①]。

观测时间的具体值与雷达的类型、用途、任务、特性以及目标类别 (类型) 判定的性能要求有关。

基于频谱特征的目标识别要求在整个观测时间 ($T_{KN} = 1/\Delta F_{II} \cong T_N$) 内对信号做相干积累，这就对探测信号的频率稳定度提出了较高的要求。下面简要分析探测信号相对相干本振的频率漂移，在此基础上提出对频率漂移参数的要求。假设探测信号载频的变化规律可表示为

$$F_{ZS}(t) = f_0 + k_1 t + k_2 t^2 + \cdots \tag{2.16}$$

式中：k_1 和 k_2 为频率漂移系数。

通过接收机的混频器 (频率转换)，回波信号与本振参考信号的频率和相位相减，考虑到回波信号的时延，则输出信号与中频 f_{pr} 的频率偏移量 $\Delta f_{ux}(t)$ 可表示为

$$\begin{aligned}
\Delta f_{ux}(t) &= f_{opor}(t + t_r) - f_{os}(t) \\
&= [f_0 + k_1(t + t_r) + k_2(t + t_r)^2 + f_k] - [f_0 + k_1 t + k_2 t^2 + f_{ds}] \\
&= k_1 t_r + k_2 \left(t_r^2 + 2t \cdot t_r\right)
\end{aligned} \tag{2.17}$$

式中：f_{opor} 和 f_{os} 分别为参考信号和回波信号的频率；f_k 为校正频率，理想情形下等于回波的多普勒频率，即 $f_k = f_{ds}$。

---

① 译者注：原著此处为 10ms，这里根据上下文做了修正。

式 (2.17) 的化简结果中：第二项 $k_2(t_r^2 + 2t \cdot t_r)$ 随时间变化且在观测终止时刻值为 $k_2(t_r^2 + 2(T_{KN} + t_r)t_r)$，它决定了信号的相干积累效率；前后两项共同决定了目标径向速度 (或 f_{ds}) 的测量精度。

为避免相干积累滤波器输出结果"散焦"，频率漂移需要满足下列不等式：

$$\Delta f_{ux}(T_{KN} + t_{r_{\max}}) = k_1 t_{r_{\max}} + k_2 \left(t_{r_{\max}}^2 + 2(T_{KN} + t_{r_{\max}})t_{r_{\max}} \right) \tag{2.18}$$
$$\leqslant 0.1\Delta F_{II}$$

式中：$t_{r_{\max}} = 2r_{\max}/c$ 为最大探测距离 $r_{\max}$ 处的回波时延[①]。

由于频率漂移率会影响积累效率，因此可得到下面的限制条件：

$$V_f = \frac{\Delta f_{us}(T_{KN} + t_{r_{\max}})}{t_{r_{\max}} + T_{KN}} \leqslant \frac{0.1\Delta F_{II}}{t_{r_{\max}} + T_{KN}} \tag{2.19}$$

频率不稳定度的相对值可定义为

$$H_f = \frac{V_f}{f_0} \, [\text{Hz}] \tag{2.20}$$

假设 $\Delta f_{ux}(T_{KN} + t_{r_{\max}})$ 服从正态分布，则频率漂移的均方根需满足：

$$\delta_{vf} \leqslant \frac{1}{6} \cdot \frac{0.1\Delta F_{II}}{t_{r_{\max}} + T_{KN}} \tag{2.21}$$

至此，本节建立了对探测信号脉冲重复频率和频率稳定度的要求，在基于频谱特征识别目标时必须满足这些要求。需要指出的是，频率稳定度要求是普适的，可作为相干积累器的基本要求。

本节还从有效获取涡喷发动机压缩机或涡轮机的二次调制谱出发，建立了对探测信号波长的要求。该要求对探测信号波长的上界作出限制，即给出了波长的最大值；而二次调制信号的观测时间选择问题则从"下界"对波长作出了限制，即给出了波长的最小值。为了更好地理解这一点，下面讨论飞机涡喷发动机和直升机旋翼回波的数学建模。

2.4.2　推进系统旋转部件的回波信号建模

如前面所述，由于目标上旋转或振动部件引起的复散射系数变化，会给空中目标回波信号中附加二次幅相调制[69,80]，在研发检测器和多普勒测量装置时应充分考虑并利用这种现象来识别目标。$m(t) = |m(t)|e^{i\varphi(t)}$ 的幅相调制规律可由幅相谱特征完全表征，它是对 $|m(t)|$ 和 $e^{i\varphi(t)}$ 分别做 N_{FFT} 点离散傅里叶变换后得到一组 $2N_{FFT}$ 个频率单元的复幅度。

空中目标 (如飞机、直升机和其他飞行器) 雷达回波信号的复杂性主要源自目标反射部件的相对运动，研究二次调制基本规律时需要一个简单而有效的系统模型。在过去的 30 年里，研究人员提出了许多不同复杂度的旋转部件

---

① 译者注：为简洁和一致性起见，此处的最大探测距离采用了 $r_{\max}$ 而非原著中的 r_{tr}。

模型[69]，它们的主要区别在于旋转部件 (螺旋桨叶片或压缩机叶片) 的近似方法和散射问题求解方法。

本书采用矩形平板作为旋转部件的近似模型。该模型在文献 [69] 首次提出并应用于文献 [28,80] 的研究，它可模拟二次调制谱分量的功率水平及频谱的不对称性。考虑到运动目标回波的数学表达式，本书将在准静态法下基于物理光学和单次散射近似来求解运动体的散射问题。对于任意时刻 t，假设目标静止且散射场由其瞬时位置决定。在雷达波长范围内，该方法的误差是完全可接受的。

目标的回波信号可表示为单个部件回波信号的叠加：

$$m_s(t) = \sum_{i=1}^{N} m_i(t) = \sum_{i=1}^{N} M_i(t) u(t - \tau_i(t))$$
$$= \sum_{i=1}^{N} M_i(t) U(t - \tau_i(t)) e^{i[\omega_0(t - \tau_i(t)) + \varphi_0]}$$

式中：$u(t) = U(t) e^{i[\omega_0 t + \varphi_0]}$ 为探测信号；ω_0 为载频[①]；$m_i(t) = M_i(t) u(t - \tau_i(t))$ 为目标第 i 个部件 (下文称部件 i) 的回波信号；$\tau_i(t)$ 为部件 i 的回波时延；$M_i(t) = E_0 A_i B_i(t - \tau_i(t)/2)$ 为部件 i 的回波幅度，其中 $A_i = \dfrac{\sqrt{G_{rs} G_{tm}} \lambda}{4 \pi r_i^2}$ 为幅度因子，G_{rs} 和 G_{tm} 分别为接收天线和发射天线的增益，λ 为探测信号的波长，$r_i(t)$ 为部件 i 的距离，满足 $\tau_i(t) = 2 r_i(t)/c$，$B_i(t)$ 为部件 i 的后向散射系数，等于远场条件下矩形平板反射波和入射波的复幅度之比。

若目标的物理尺寸相比雷达距离分辨率可忽略不计，则可忽略不同部件回波包络中的时延差异。此外，在远场条件下，还可忽略幅度因子 A_i 的差异。因此，回波信号 $m_s(t)$ 可化简为如下形式[②]：

$$m_s(t) = E_0 A_s U(t - \tau_0) e^{i[\omega_0 t - \psi_r + \varphi_0]} \sum_{i=1}^{N} B_i \left(t - \frac{\tau_0}{2}\right) e^{-i\omega_0 \Delta \tau_i(t)}$$
$$= M_s(t) U(t - \tau_0) e^{i(\omega_0 t - \psi_r + \varphi_0)}$$

式中：$M_s(t) = E_0 A_s B_s(t - \tau_0/2)$ 为回波的复幅度；$A_s = \dfrac{\sqrt{G_{rs} G_{tm}} \lambda}{4 \pi r_0^2}$ 为平均幅度因子；r_0 为雷达距目标中心的距离；$\tau_0 = 2 r_0/c$ 为回波信号的时延；$\psi_r = \omega_0 \tau_0$ 为传播路径 r_0 引入的相位变化量；$\Delta \tau_i(t) = \tau_i(t) - \tau_0$ 为部件 i 相对目标中心的时延差；$B_s(t) = \sum_{i=1}^{N} B_i(t - \tau_0/2) e^{-i\omega_0 \Delta \tau_i(t)}$ 为目标的后向散射系数。

[①] 译者注：原著无此说明，这里为完整性起见做了补充。

[②] 译者注：原著下式中 $B_i(\cdot)$ 的自变量为 $t - \tau_0$ 且最右边的指数函数中遗失了负号，这里已更正。

　　由上式可见，回波信号幅度的变化规律几乎完全取决于目标后向散射系数的变化。

　　考虑涡喷发动机压缩机或涡轮机叶片的后向散射系数，某时刻的叶片位置如图2.1所示，图中：

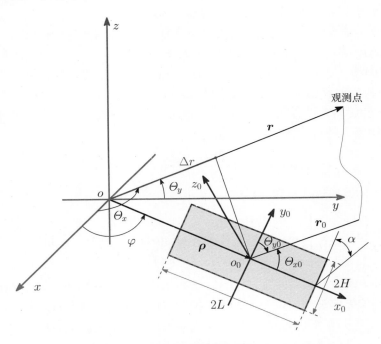

图 2.1　叶片位置示意图

(1) $o_0x_0y_0z_0$ 为叶片坐标系，原点位于叶片中心；

(2) $oxyz$ 为螺杆坐标系，其 oz 轴与螺杆角速度矢量方向一致；

(3) $\boldsymbol{\rho}$ 为叶片中心在螺杆坐标系中的位矢；

(4) $\boldsymbol{r} = \hat{\boldsymbol{r}}r$ 和 $\boldsymbol{r}_0 = \hat{\boldsymbol{r}}_0 r_0$ 分别为观测点在螺杆坐标系和叶片坐标系中的位矢；

(5) r 和 r_0 分别为观测点到螺杆中心和叶片中心的距离；

(6) $\hat{\boldsymbol{r}} = [u_x\ u_y\ u_z]^{\mathrm{T}}$ 和 $\hat{\boldsymbol{r}}_0 = [u_{x0}\ u_{y0}\ u_{z0}]^{\mathrm{T}}$ 分别为观测点在螺杆坐标系和叶片坐标系中位矢的方向余弦矢量 (下面称单位矢量)；

(7) Θ_x、Θ_y、Θ_z 为螺杆坐标系下观测点位矢与各轴的夹角；

(8) Θ_{x0}、Θ_{y0}、Θ_{z0} 为叶片坐标系下观测点位矢与各坐标轴的夹角；

(9) Δr 为观测点到螺杆中心和叶片中心的距离差；

(10) α 为叶片倾角；

(11) φ 为叶片转角。

采用长 $2L$ 宽 $2H$ 的矩形平板近似叶片，则物理光学法给出的观测点方向的叶片后向散射系数为

$$B_0(u_{x0}, u_{y0}, u_{z0}) = S\lambda^{-1} u_{z0} \frac{\sin(2kLu_{x0})}{2kLu_{x0}} \frac{\sin(2kHu_{y0})}{2kHu_{y0}}$$

式中：$S = 4LH$ 为叶片面积；$k = 2\pi/\lambda$ 为波数。

下面考虑多个叶片的情形。叶片 i 在任意时刻的后向散射系数为 $B_i(t) = B_0(\hat{r}_{0i}(t))$，其中：$\hat{r}_{0i}(t) = A_i(t)\hat{r}$ 为观测点在叶片 i 坐标系中的单位位矢，$A_i(t)$ 为坐标系 (o, x, y, z) 到坐标系 $(o_{0i}, x_{0i}, y_{0i}, z_{0i})$ 的坐标转换矩阵。单位矢量 $\hat{r}$ 由坐标系 (o, x, y, z) 到坐标系 $(o_{0i}, x_{0i}, y_{0i}, z_{0i})$ 的转换过程可描述为：先绕 ox 轴旋转角度 α(叶片倾角)；再绕 oz 轴旋转角度 φ_i——当前时刻叶片 i 在 xoy 平面内的角位置，可表示为

$$\varphi_i(t) = \Omega t + \frac{2\pi i}{N}, \quad i = 0, 1, \cdots, N-1$$

因此，坐标转换矩阵有如下形式：

$$A_i(t) = \begin{bmatrix} \cos(\varphi_i(t)) & -\sin(\varphi_i(t)) & 0 \\ \cos(\alpha)\sin(\varphi_i(t)) & -\cos(\alpha)\cos(\varphi_i(t)) & -\sin(\alpha) \\ \sin(\alpha)\sin(\varphi_i(t)) & \sin(\alpha)\cos(\varphi_i(t)) & \cos(\alpha) \end{bmatrix}$$

叶片 i 回波的相对时延 $\Delta\tau_i(t) = 2\Delta r_i(t)/c$，其中 $\Delta r_i(t) = -(\rho_i(t), \hat{r})$ 为叶片中心位矢向观测点位矢反方向的投影，可通过矢量点积计算[①]。

$\rho_i(t)$ 各分量随时间的变化关系为 $\rho_i(t) = [R\cos(\varphi_i(t)) \ R\sin(\varphi_i(t)) \ 0]^T$，其中 $R = |\rho_i(t)|$ 为螺杆与叶片 i 的中心距。

对上述模型做简单小结：该模型可用来研究多种空中目标推进系统旋转部件回波的时间和频谱特性，简单易用且对二次调制基本规律的模拟精度是可接受的，同时可粗略估计叶片和螺旋桨的有效反射系数。

作为一个例子，下面来看直升机旋翼建模仿真的结果[28]，这不仅有助于直观地理解回波信号的时域结构，而且从中可提出对探测信号调制规律及波长的要求。

图2.2给出了模拟结果，包括：回波信号幅度调制律 $|m(t)|$ 的时间曲线及幅度谱 $|G_a(f)| = \left| \int_{-\infty}^{\infty} |m(t)| e^{-i2\pi ft} dt \right|$；以 $\text{Re}(e^{i\varphi(t)})$ 形式表示的回波相位调制律 $\varphi(t)$ 的时间曲线及相位谱 $|G_\chi(f)| = \left| \int_{-\infty}^{\infty} e^{i\varphi(t)} e^{-i2\pi ft} dt \right|$；回波信号幅相调制律的幅频谱 $|G_m(f)| = \left| \int_{-\infty}^{\infty} |m(t)| e^{i\varphi(t)} e^{-i2\pi ft} dt \right|$。图2.3给出了波长 $\lambda=0.03\text{m}$ 时的相关结果。

仿真条件如下：

(1) 单频探测信号，波长为 $\lambda = 2\text{m}$。

---

① 译者注：根据前文 $\Delta\tau_i(t)$ 的定义，此处应该向 $\hat{r}$ 的反方向投影，已修正。

(2) 桨叶数目 $N = 5$。

(3) 桨叶的有效长度 $L = 4\text{m}$。

(4) 等效旋转半径为 4.5m。

(5) 旋转频率 $F_{\text{v}1} = 4.577\text{Hz}$。

(6) 相对转轴的观测视角 $\varphi_r = 10°$。

(7) 凝视。

(8) 频率分辨力为 1.5Hz。

基于直升机旋翼的回波仿真结果，从满足基于频谱特征识别目标时的性能要求出发可提出对探测信号调制规律和波长的要求。当波长 $\lambda \ll L$ 时，目标的结构特征可精确反映在后向散射系数中[80]。采用单频探测信号和长时间 (数十至数百个二次调制周期) 相干积累技术，根据幅相谱特征可精确估计目标的后向散射系数。为了确保后向散射系数的估计品质，脉冲或连续调制信号的重复周期选择应遵循原则：当反射体的数量 N 较少时，重复周期不应超过 $|m(t)|$ (图2.2和图2.3) 脉冲宽度的一半；当反射体的数量 N 较大时，重复周期不应超过 $\varphi(t)$ 平均周期的一半。

如果雷达波长 λ 可将目标结构完美封装进后向散射系数，且通过正确选择探测信号的调制周期并重构幅相调制规律，则可最大化基于二次调制特征的目标识别性能。必须指出的是，探测信号的类型和参数对于悬停直升机等目标的探测性能有着显著的影响。

2.5　回波信号幅相调制的独立谱分析

本节针对雷达动态目标 (空中或地面) 与有源欺骗干扰鉴别问题，讨论频谱特征识别的性能提升方法。该方法的本质是将接收信号复幅度的谱分析转变为幅度和相位的独立谱分析，由此可辨识并评估动态目标或有源欺骗干扰 (假信号) 回波二次调制中幅度和相位的重要性及相互关系，进而改善目标识别与欺骗干扰 (假信号) 鉴别的效果。

雷达目标和有源欺骗干扰自动识别的基础是雷达特征信号处理，而特征信号 $\boldsymbol{\xi} = [\xi_1, \xi_2, \cdots, \xi_N]^{\text{T}}$ 通常可理解为一组复幅度信号，取自某一坐标处的 N 个分辨单元。如果雷达可对目标做长时间观测，则通过最简单的处理便可获得雷达的频谱特征，它是 N 个多普勒分辨单元的复幅度。

雷达频谱特征识别的物理基础是同类目标回波频谱中二次调制分量的相似性[28-29,35,85,88,96-97,100]，这些频谱分量是由目标上活动部件 (旋转、振动和相对运动部件) 回波幅度相位的二次调制产生的。因此，真目标与干扰信号的频谱特征差异是鉴别二者的物理基础。

本节研究回波复幅度信号幅度和相位的独立谱分析，从而可从回波信号中最大化地提取幅相调制参数信息和目标类别信息。

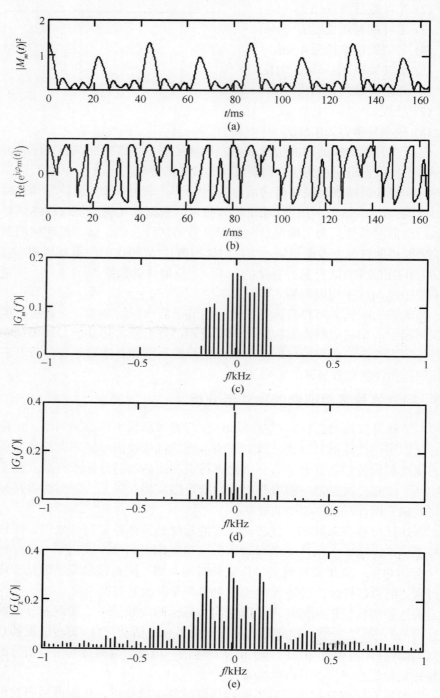

图 2.2　直升机旋翼的回波仿真结果（单频，波长 2m）

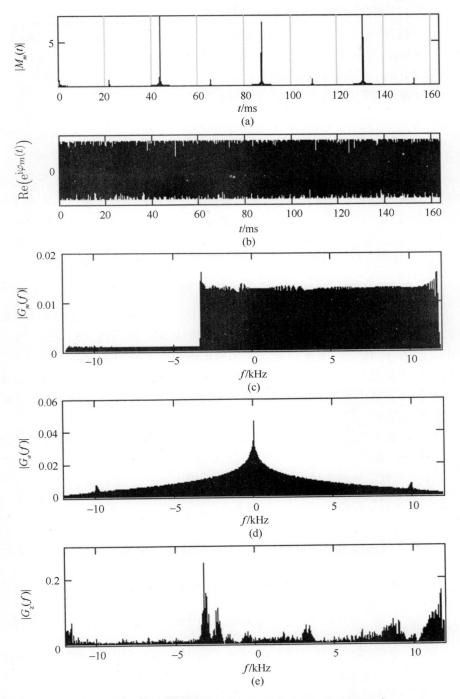

图 2.3　直升机旋翼的回波仿真结果（单频，波长 0.03m）

2.5.1 幅相调制信号的独立谱分析

接收信号 $u(t) = [m(t) + h(t)]$ 是由目标回波信号 $m(t)$ 与干扰信号 $h(t) = A_h(t) \exp[i(\omega_0 t + \varphi_h(t))]$ 叠加而成，其中：$A_h(t)$、$\varphi_h(t)$ 分别为干扰幅度和相位的调制律，ω_0 为探测信号的载频。

对于单频探测信号，回波信号可表示为

$$m(t) = A_m(t) \exp[i(\omega_0 t + \varphi_m(t))] \tag{2.22}$$

式中：$A_m(t)$ 和 $\varphi_m(t)$ 分别为回波信号的幅度和相位调制律。

为了提高雷达的抗噪能力，通常会对接收信号做相干积累[58,95,100]。当雷达系统具有多普勒测量能力时，雷达频谱特征通常是由一组模拟或数字相干积累滤波器输出的复幅度组成，其等价于通过傅里叶变换得到的复频谱 $G_c(\omega)$：

$$G_c(\omega) = \int_{-\infty}^{\infty} \big(A_m(t) \exp[i(\omega_0 t + \varphi_m(t))] + $$

$$A_h(t) \exp[i(\omega_0 t + \varphi_h(t))] \big) \exp(-i\omega t) \mathrm{d}t \tag{2.23}$$

通过这种最简单的方法获取雷达频谱特征，主要缺点是给分离和分析幅度和相位对回波 (目标信号或干扰) 二次调制的贡献造成了极大的困难。作为一个可能的伴随特征，我们注意到利用相位的指数变换形式 (非线性变换) 可得到相位调制谱的变换表示。采用这种简单方法获取频谱特征还会损失目标结构及干扰调制律等方面的信息，同时为建立物体运动参数与雷达频谱特征的对应关系增加了复杂性。

为了克服这些缺点，有必要对接收信号 $u(t)$ 的幅度和相位做独立的谱分析，因此可将式(2.23)替换两个变换的组合。

(1) 对接收信号的模值 $|u(t)|$ 做傅里叶变换：

$$G_a(\omega) = \int_{-\infty}^{\infty} |u(t)| \exp(-i\omega t) \mathrm{d}t \tag{2.24}$$

(2) 对接收信号的相位 $\arg(u(t))$ 或相位函数 $\exp[i\arg(u(t))]$ 做傅里叶变换：

$$G_\phi(\omega) = \int_{-\infty}^{\infty} \arg(u(t)) \exp(-i\omega t) \mathrm{d}t \tag{2.25}$$

$$G_\chi(\omega) = \int_{-\infty}^{\infty} \exp[i\arg(u(t))] \exp(-i\omega t) \mathrm{d}t \tag{2.26}$$

式(2.25)的变换似乎比式(2.26)更可取，因为它直接操作相位参数，因此省去了相位参数的非线性指数变换，而且它还可简化相位调制与背后调制机理的参数关系描述；而式(2.26)则允许直接对比同一频率单元的幅度和相位调制分量。

在离散域实现式(2.24)和式(2.25)或式(2.26)的变换，则可得到信息更丰富且更复杂的雷达频谱特征，它是对接收信号的模值 $|u(t)|$ 和相位 $\arg(u(t))$ 分别做相干积累后 N 个频率单元内的一组复幅度 (长度为 $2N$ 或 $1.5N$①)，称为幅相谱特征。

相干积累 (傅里叶变换) 可采用模拟或数字方式实现。当采用模拟实现时，优选式(2.26)作为相位分析工具，在相干积累前，应首先对接收信号作硬限幅以获得 $\exp[\mathrm{i}\arg[u(t)]]$ 的近似描述。高保真的雷达幅相谱特征则需采用数字方式获取，这可通过对接收信号的模值和相位分别做离散傅里叶变换来完成。

应指出的是，变量 $\arg[u(t)]$ 在区间 $[0,2\pi]$ 上才具有明确定义，因此在实现式(2.25)的变换时需要考虑到其频谱表示的特殊性。

关于式(2.24)的变换，还需特别注意一点：该变换是接收信号模的变换，因此只能分析信号模的特性，不能完全用来分析信号的幅度调制特性。例如，当存在幅度过调制时，幅度调制谱的表示中会出现一些特殊现象，但对于回波信号和欺骗干扰信号，幅度过调制现象并不常见。当不存在幅度过调制时，接收信号的模 $|u(t)|$ 可完全无失真地表征幅度调制律。

2.5.2　幅相调制的独立谱分析示例

为了阐明雷达频谱特征提取新方法的要义与幅相调制分量独立谱分析的特点，下面通过解析计算和建模仿真给出几个说明性的示例。

考虑单频探测信号照射下距离 r_0 处一块平行于相位波前的平板。该平板做简谐振动，谐振频率和幅度分别为 Ω_{vb} 和 A_{vb}。

由于平板表面相对雷达的距离按照 $r_t(t)=[r_0+A_{\mathrm{vb}}\sin(\Omega_{\mathrm{vb}}t)]$ 的规律变化，因此回波信号会产生式(2.22)中的相位调制，对应的调制律可表示为

$$\varphi_m(t)=2\pi\frac{2r_t(t)}{\lambda}=\varphi_0+2\pi\frac{2A_{\mathrm{vb}}}{\lambda}\sin(\Omega_{\mathrm{vb}}t) \tag{2.27}$$

调相指数为

$$m_\varphi=4\pi\frac{A_{\mathrm{vb}}}{\lambda}$$

由于平板的有效反射面积不变，因此不存在幅度调制，故式(2.22)中的回波幅度恒定，即 $A_m(t)=A_{m0}$。

鉴于式(2.27)的调制形式，此时可将式(2.22)化为[70]

$$m(t)=A_{m0}\sum_{k=-\infty}^{\infty}J_k(m_\varphi)\exp[\mathrm{i}(\omega_0+k\Omega_{\mathrm{vb}})t] \tag{2.28}$$

式中：$J_k(m_\varphi)$ 为自变量为 m_φ 的 k 阶贝塞尔函数。

---

① 译者注：对幅度和相位各做 N 点离散傅里叶变换后即可得到 $2N$ 个复幅度；但考虑到模为实数，其频谱具有共轭对称性，仅有 $0.5N$ 长度有效，因此也可只截取 $1.5N$ 个复幅度。

根据式(2.28)，回波信号的复频谱 $G_c(\omega)$ 中将包含无穷个频谱分量，对应的频率为 $\omega_0 \pm k\Omega_{vb}$，幅度则与相应贝塞尔函数的值成比例。通过复频谱 $G_c(\omega)$ 很难确定二次调制的属性，即判断幅度调制和相位调制的存在性及其相对大小。

通过频率转换将接收信号变换到视频 (去除载频 ω_0)，并对信号做式(2.24)和式(2.25)的变换，可以发现：

(1) 回波信号幅度谱 $G_a(\omega)$ 的能量主要集中在零频，表明没有幅度调制。

(2) 当未出现相位过调制时，回波信号相位谱 $G_\phi(\omega)$ 中包含位于 $\pm\Omega_{vb}$ 处的两个频谱分量。

当满足条件 $A_{vb}/\lambda > 1/4$ 时，则会出现相位过调制，此时将在振动频率的整数倍数处 $\pm k\Omega_{vb}$ (k 是整数) 出现大量频谱分量。

必须强调的是，当不去除载频 ω_0 来分析相位变量 $(\omega_0 t + \varphi_m(t))$ 时，即便不出现相位过调制，$G_\phi(\omega)$ 中也会出现许多频谱分量且在结构上与 $G_c(\omega)$ 相似，这是相位变量的 2π 周期性所致。出于该原因，在构建雷达幅相谱特征时，建议选用式(2.26)的变换而非式(2.25)。

下面考虑单频信号照射龙伯透镜 (模拟目标回波信号) 的典型示例。假设在导弹或其他类型无人飞行器上装有受控的龙伯透镜，用于模拟假的二次调制信号。若龙伯透镜按照 $\cos(\Omega_{ll}t)$ 改变其反射特性 (有效反射面积)，则回波信号可表示为

$$m(t) = [A_{m0}(1 + m_a \cos \Omega_{ll}t)] \exp(\mathrm{i}\omega_0 t) \tag{2.29}$$

式中：A_{m0} 为无调制时透镜回波信号的幅度；m_a 为调幅系数。当 $|m_a| \leqslant 1$ 时，不出现幅度过调制。

根据三角变换公式，式(2.29)可化为

$$m(t) = A_{m0} \exp(\mathrm{i}\omega_0 t) + \frac{1}{2}A_{m0}m_a\big(\exp[\mathrm{i}(\omega_0 - \Omega_{ll})t] + \exp[\mathrm{i}(\omega_0 + \Omega_{ll})t]\big)$$

由上式可知，复信号的频谱 $G_c(\omega)$ 中包含载波分量及位于其左右的两个调制分量 $\omega_0 - \Omega_{ll}$ 和 $\omega_0 + \Omega_{ll}$。但通过分析 $G_c(\omega)$ 不易判断这些频率分量的属性 (调制类型)，因此有必要对式(2.29)的信号做式(2.24)和式(2.25)的变换。

由于未出现幅度过调制，回波信号的幅度 $|m(t)| = A_{m0}(1 + m_a \cos \Omega_{ll}t)$，此时的幅度谱 $G_a(\omega)$ 包含三个频率分量：零频及其两侧的高低频 Ω_{ll} 和 $-\Omega_{ll}$，且零频分量随调幅系数 m_φ 的增大而减小。

当采用式(2.25)的变换时，相位谱 $G_\phi(\omega)$ 中含有载频 ω_0 及其倍频分量，且在去除载频后将不含任何调制分量；当采用式(2.26)的变换时，频谱 $G_\chi(\omega)$ 中仅包含载频分量。

图2.4给出了振动平板回波信号频谱的仿真结果。有关的仿真参数设置

为：探测信号的波长 $\lambda = 0.008$m；平板的振动频率 $f_{vb} = \Omega_{vb}/(2\pi) = 100$Hz；图2.4(a)~(d) 的振幅 $A_{vb} = 0.001$m, 图2.4(e)~(h) 的振幅 $A_{vb} = 0.01$m。图2.4分别采用了式(2.23)~ 式(2.26)的四种变换，且在变换前先将信号变换到视频。通过对仿真结果的分析，可得出以下结论：

(1) 该情形下不存在幅度调制，故回波信号的幅度谱 $G_a(\omega)$ 中无调制分量。

(2) 去载频的相位谱 $G_\phi(\omega)$ 中未出现过调制 ($A_{vb} = 0.001$m)，在谐振频率处仅出现一个频率分量。

(3) 频谱 $G_\chi(\omega)$ 与复信号频谱 $G_c(\omega)$ 完全一致。

图2.5给出沿圆周旋转的两个点散射中心回波信号频谱的仿真结果。有关的仿真参数设置为：雷达视线方向与旋转平面一致；圆半径为 0.3m；旋转频率为 50Hz；图2.5(a)~(d) 探测信号的波长 $\lambda = 0.6$m，图2.5(e)~(h) 探测信号的波长 $\lambda = 0.06$m；频谱变换前先将信号转换至视频。通过对仿真结果的分析，可得出以下结论：

(1) 由于两个点散射中心回波的叠加效应，因此总回波信号中存在幅度和相位调制。

(2) 回波信号的幅度谱 $G_a(\omega)$ 和相位谱 $G_\phi(\omega)$ 的频谱分量出现在旋转频率与点散射中心数目乘积的整数倍处。

(3) $G_a(\omega)$ 和 $G_\phi(\omega)$ 中调制分量的复幅度具有相关性。

(4) 幅度相位调制深度随波长减小而增加，导致出现更多的频谱分量。

2.5.3 幅相谱特征的应用分析

通过仿真结果分析，可得出利用幅相谱特征进行目标识别与有源欺骗干扰鉴别的结论。

对装有涡喷发动机或螺旋桨的空中目标而言，由于内部活动部件的周期性运动，导致这些部件相位中心的相对位置和有效散射面积 (视角变化) 发生变化，因此其回波信号中出现了二次幅相调制。

在电子对抗中模拟真目标的回波信号，主要有下面两种途径。

(1) 物理模拟：在无人飞行器上加装可控龙伯透镜来模拟假目标。

(2) 电子模拟：在大多数转发型干扰机中通过信号调制来模拟，如控制行波管的相位调制。

对于模拟真目标的智能干扰 (距离-速度多假信号干扰) 而言，其信号合成与产生过程的特征会反映到假信号的幅相调制中。

通过回波信号幅度和相位的独立谱分析获得雷达幅相谱特征，可以揭示目标和干扰的幅度调制谱分量与相位调制谱分量之间的相互关系，进而用来提高真目标、假目标和有源欺骗干扰的识别性能。

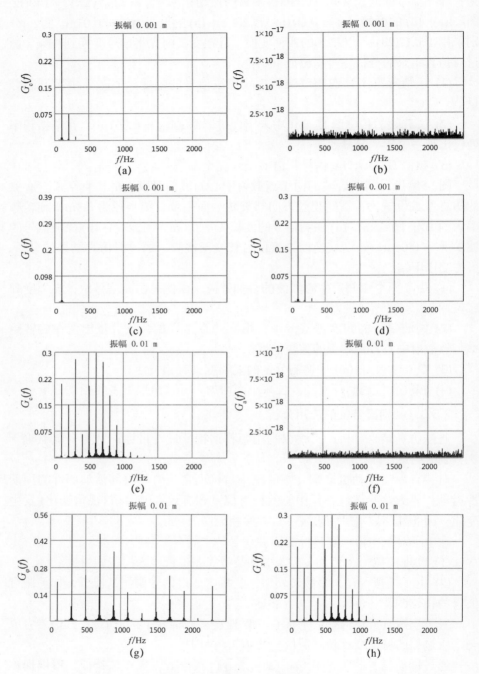

图 2.4　振动平板回波信号的频谱 (振动频率 100Hz，波长 0.008m)

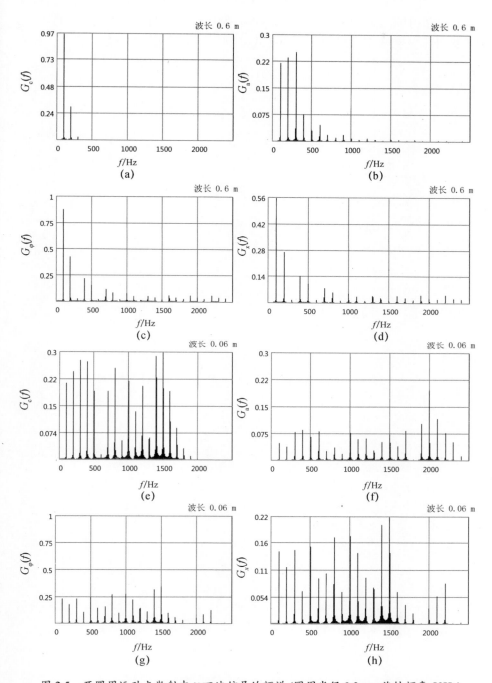

图 2.5　两圆周运动点散射中心回波信号的频谱 (圆周半径 0.3m，旋转频率 50Hz)

    在采用式(2.24)和式(2.25)或式(2.26)做独立谱分析来获取雷达幅相谱特征时，既可在中频也可在视频实现，既可补偿回波或干扰信号的多普勒频率也可不做补偿。实际中，最为常用的是式(2.24)和式(2.26)的离散形式。

第3章 空中和地面目标频谱特征的统计模型

3.1 统计模型概述

检测和识别判决的可信度在很大程度上依赖于目标和干扰统计模型所包含的先验信息量，因此根据位置及运动参数变化建立完备可信的目标干扰模型就成为提高检测识别可信度的一个重要途径。这些统计模型应充分考虑目标回波和干扰信号的非平稳特性，这可通过大量针对性的试验和数据的统计处理来解决。

一般情形下，目标或干扰的统计模型是雷达特征复幅度、位置信息和运动参数的联合概率密度，具体分布形式可通过试验结果的分析得到，因此通常可假设为已知的。根据分布参数的不同，这里主要考虑下面几种情形。

(1) 情形 1：目标识别。该情形下通常预先制备所谓的参考特征[1]，这些参考特征依赖于先验未知的弱信息参数。

(2) 情形 2：有源欺骗干扰鉴别。该情形下通常不存在参考的信号和坐标特征，仅已知一些必要参数的估计原则而已。

(3) 情形 3：混合情形。此时仅有部分参数先验已知，另一部分参数的变化模式却是未知的。

对于情形 1，在雷达探测过程中估计弱信息参数并根据估计值改变参考特征，该过程即识别系统对先验未知的弱信息参数的自适应过程。

对于情形 2，由于有源欺骗干扰的参考特征是先验未知的，因此需要通过训练来解决，主要是从离散时间样本序列中检测干扰并估计干扰特征的准平稳参数。此时，经常采用准平稳随机过程来描述拖引干扰特征，其非随机参数按照一种先验未知但却周期重复的方式变化，可用最大似然方法估计参数及其变化规律并按拖引周期做滤波处理。在首个拖引周期内，可将这种先验不确定性消除方法视作欺骗干扰识别与剔除子系统的预训练，而在随后周期内则可将其视作训练更新。

需要指出的是，目标统计模型的参数通常假设为条件平稳且不规则变化，而有源拖引干扰统计模型的参数则假设为条件平稳但却规则变化。

由于坐标参数的统计模型相对简单，因此本书主要关注雷达信号特征，尤其是频谱特征。

为了研究空中目标、有源欺骗干扰及体杂波的雷达频谱起伏特性，基于

---

[1] 译者注：即特征模板。

下列雷达专门构建了相应的试验系统[29,35,85,87,97]。

（1）76N6E 探测雷达：采用单频和窄带线性调频探测信号。

（2）5H63 跟踪和精密测量雷达：采用准连续波探测信号，可无模糊地获取二次调制谱。

（3）CHP-125 跟踪和精密测量雷达：采用初相调制的脉冲信号，重复周期不满足无模糊获取二次调制谱的条件。

（4）1RL133 地基监视雷达：采用初相和重复周期可变的脉冲信号，可长时间观测目标，能对地面目标但不能对空中目标无模糊地获取二次调制谱。

（5）1RL136 地基监视雷达：采用单频连续波和相位编码探测信号。

这些试验系统通过数字方式对接收信号进行高精度的配准，从而可确保统计建模和检测识别算法研究时数据的准确性。

3.2　涡桨和涡喷飞机频谱特征的统计模型

本节讨论的涡桨和涡喷飞机频谱特征的统计模型[29,87]是基于单频连续波监视雷达的回波复信号得到，不涉及幅相调制的独立分析。

此时可将目标频谱特征理解为 N 个频率单元的复幅度 ξ_n（$n = 1, 2, \cdots, N$）；当这些复幅度不相关时，也可将频谱特征理解为复幅度模的平方 $|\xi_n|^2$（$n = 1, 2, \cdots, N$）。通过考察多个相干积累周期，便可获得频谱特征的起伏序列，即复幅度 $\xi_{n,b}$（$n = 1, 2, \cdots, N$；$b = 1, 2, \cdots, B$），其中：N 为频率单元的数目；B 为相干积累周期的数目。

试验研究的主要任务是：

（1）阐释已知的二次调制现象并发现新规律。

（2）确定不同目标的频谱单元及特征起伏的时间特性与统计特性。

3.2.1　试验系统组成及试验条件

试验系统中的 76N6E 厘米波相干雷达工作于水平极化单频探测模式，信号相干积累采用 N 个窄带滤波器组实现，各滤波器的带宽为 260Hz、间距为 250Hz。整个接收路径呈高度线性，目标持续观测时间约 30ms。

雷达的扫描周期为 6s，每次共记录 13 个扫描周期内的窄带滤波器输出结果（复幅度模平方）$|\xi_n|^2$（$n = 1, 2, \cdots, N$），并从每次扫描周期中以 2.9ms 为间隔选出 5 个（$B = 5$）配准过的雷达特征样本 $|\xi_{n,b}|^2$（$n = 1, 2, \cdots, N$；$b = 1, 2, \cdots, B$）。

配试的飞机目标有 An-24、An-26、Yak-40、Tu-134 和 Tu-154，飞行高度约 5km，与雷达视线的姿态角保持在 ±70° 以内（前视和尾视），目标径向距离控制在 10～60km 范围内。

3.2.2 涡桨和涡喷飞机的频谱特征

图3.1给出了 An-24 涡桨飞机频谱特征的 5 个样本及其平均值，图中：b 为样本序号；采样间隔为 2.9ms；功率采用标准单位；第一个窄带滤波器的中心频率约 2.5kHz。类似地，图3.2和图3.3分别给出了 Tu-134 重型涡喷飞机和 Yak-40 中型涡喷飞机的频谱特征。

由图3.1来看，涡桨飞机桨叶对探测信号幅相调制而产生的二次调制信号功率主要聚集在机体谱分量 ($n = 13$) 左右 ±4kHz 的区域内，且二次调制谱分量的总功率比机体谱分量的功率高出数倍，平均谱形则表现为不规则的钟形结构。

需要特别强调的是，涡桨飞机的频谱特征在观测周期间表现出剧烈的起伏，其原因在于同一窄带滤波器中含有若干谱分量。这些调制谱分量的频率为螺旋桨轴速 F_v 的整数倍，对于 An-24 飞机，$F_v = 21$Hz，也即本试验的每个窄带滤波器中包含 12～13 个谱分量。较强的调制分量频率为

$$F_k = n_l F_v k, \quad k = \pm 1, 2, \cdots, K$$

式中：n_l 为叶片数目。对于 An-24 飞机，F_k 约为 84Hz 的整数倍；对于直升机，当采用水平极化的探测信号时，F_k 的基频通常在 15～20Hz 之间。

涡喷飞机频谱特征的起伏相对要小很多，这是因为喷气式发动机强调制分量的频率通常在 1～5kHz 量级，可表示为

$$F_k = n_{kom} F_v k, \quad k = \pm 1, 2, \cdots, K$$

式中：当从前半球观察时，n_{kom} 为压缩机转子环的叶片数。

对于单发动机的目标，一个窄带滤波器内仅存在一个强调制分量，其起伏周期可达数秒。对于多发动机目标，一个窄带滤波器内可能包含多个发动机的调制分量，此时频谱起伏快慢取决于各个发动机的转速差及转子叶片的数目差。显然，对于平稳飞行的目标，频谱特征起伏不会很显著，但对于目标机动情形，由于发动机工作模式和视角的变化，频谱特征将表现出剧烈的起伏[①]。

根据涡喷目标雷达频谱特征的研究结果，可形成下述结论：

(1) 回波频谱表现出一种离散结构，调制分量的频率由发动机转速和压缩机一级转子的叶片数目决定。

(2) 二次调制谱右边带的宽度可达 20kHz。

(3) 由于压缩机叶片的特殊结构，调制谱左边带的功率要大于右边带。

(4) 单个调制分量的功率较机体分量约低 2～10 倍，在某些情形下 (约占 5%～10%) 则与机体分量相当甚至超过机体分量。

---

① 译者注：据此可识别目标的运动状态。

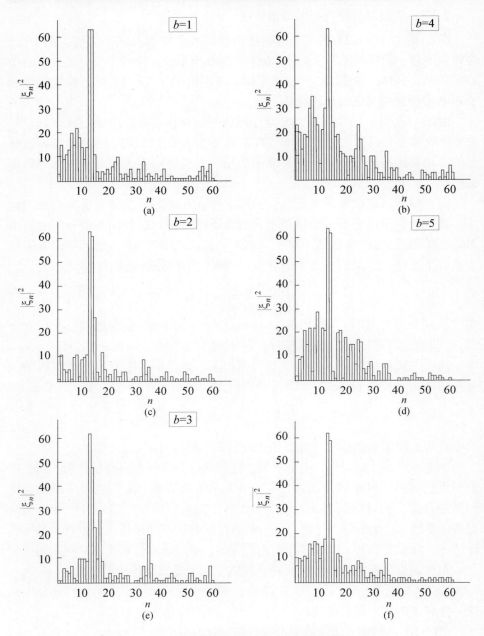

图 3.1 An-24 涡桨飞机雷达回波的频谱特征

(5) 二次调制谱中最强的分量通常为第一和第二调制分量，其频率分别为 $F_1 = n_{\text{kom}} \cdot F_{\text{v}}$ 和 $F_2 = 2 \cdot n_{\text{kom}} \cdot F_{\text{v}}$，而谱形则随姿态角的变化而变化。

(6) 幅度调制和相位调制对二次调制谱分量的贡献基本相当。

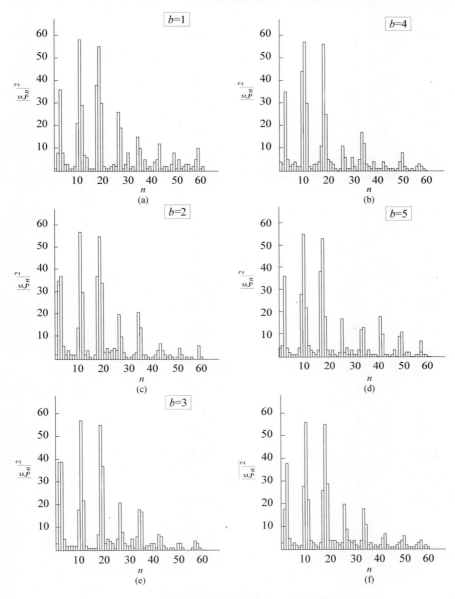

图 3.2　Tu-134 涡喷飞机雷达回波的频谱特征

3.2.3　频谱单元的统计特性

对于识别系统综合分析问题的严格求解来讲，$|\xi_n|^2$ 的统计知识至关重要。图3.4(a)～(c) 给出了涡桨飞机第 n 个频率单元 $|\xi_n|^2$ 的直方图 (65 个样本) 及其指数分布近似，由图示的结果可见，即便在较短的观测区间内，$|\xi_n|^2$ 的分布律也可用指数分布近似。

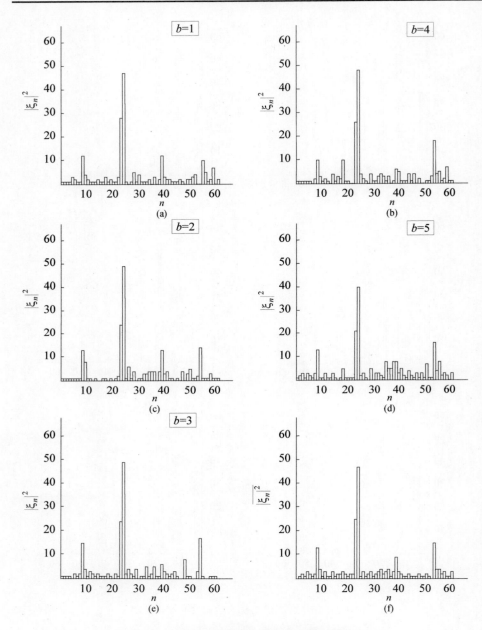

图 3.3   Yak-40 涡喷飞机雷达回波的频谱特征

图3.4(d)~(e) 分别给出了 Yak-40 中型涡喷飞机最大调制分量 $(k = \{-1, 1\})$ 单元功率的直方图统计。由直方图来看，单涡喷发动机飞机最大调制分量单元功率的短期统计分布 $p(|\xi_n|^2)$ 可近似为指数分布，而双 / 多发动机飞机的统计特性基本类似。因此，可认为频谱单元复幅度 ξ_n 的分布律为复正态分布。

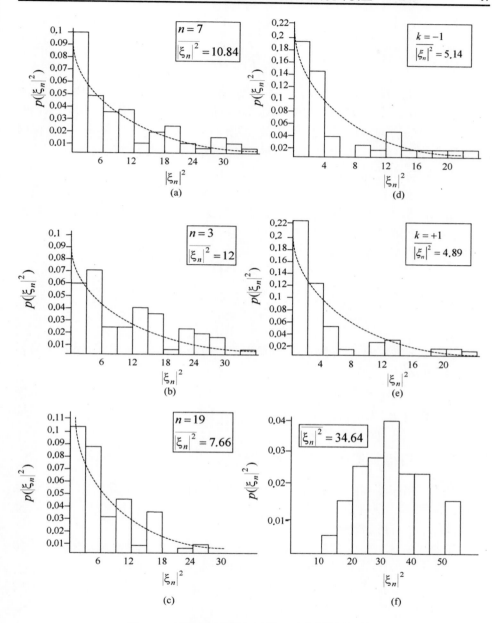

图 3.4　飞机目标雷达频谱单元功率的统计分布

　　试验还统计了目标多普勒频率处 (对应机体回波) 的单元功率分布，如图3.4(f) 所示，机体回波功率在短时统计区间内 (78s) 严重偏离指数分布，但若考虑大样本情形和5°~10° 姿态区间内的统计平均，则 ξ_n 将趋向复正态分布。

　　雷达特征的统计模型通常可理解为特征复幅度矢量的联合概率分布。基于试验结果，可假设第 k 类目标的雷达频谱特征服从下述多变量高斯分布[1]：

$$p_k(\xi_1, \xi_1^*, \cdots, \xi_n, \xi^* | \boldsymbol{\theta}) = \frac{1}{\pi^N \det \boldsymbol{R}_{k+f}(\boldsymbol{\theta})} \exp\left[-\boldsymbol{\xi}^* \boldsymbol{Q}_{k+f}(\boldsymbol{\theta}) \boldsymbol{\xi}\right] \tag{3.1}$$

式中：$\boldsymbol{\theta} = [\theta_1, \theta_2, \cdots, \theta_G]^{\mathrm{T}}$ 为先验未知的 G 维弱信息参数矢量；$\boldsymbol{R}_{k+f}(\boldsymbol{\theta}) = \boldsymbol{R}_k(\boldsymbol{\theta}) + \boldsymbol{R}_f(\boldsymbol{\theta})$，其中 $\boldsymbol{R}_k(\boldsymbol{\theta})$ 为第 k 类目标雷达特征信号的协方差矩阵，$\boldsymbol{R}_f(\boldsymbol{\theta})$ 为背景噪声的协方差矩阵；$\boldsymbol{\xi}$ 为 N 维复幅度特征矢量，是背景噪声与目标回波的加性叠加；$\boldsymbol{Q}_{k+f}(\boldsymbol{\theta})$ 为 $\boldsymbol{R}_{k+f}(\boldsymbol{\theta})$ 的逆矩阵；$(\cdot)^*$ 表示共轭转置。

空中目标雷达特征的弱信息参数包括第一调制分量的频率 F_1、观测角、目标距离及飞行高度。对于某些情形下频谱特征的准最优处理而言，频谱起伏的相关性非常重要。在当前的试验研究框架下，可估计出不同类飞机频谱特征起伏的相关系数，具体公式为[2]

$$R_{ni} = \frac{\sum\limits_{g=1}^{G} \left(|\xi_{gn}|^2 - \overline{|\xi_n|^2}\right) \left(|\xi_{gi}|^2 - \overline{|\xi_i|^2}\right)}{\sqrt{\sum\limits_{g=1}^{G} \left(|\xi_{gn}|^2 - \overline{|\xi_n|^2}\right)^2} \cdot \sqrt{\sum\limits_{g=1}^{G} \left(|\xi_{gi}|^2 - \overline{|\xi_i|^2}\right)^2}}$$

式中：$|\xi_{gn}|^2$ 和 $|\xi_{gi}|^2$ 分别为第 n 和第 i 个窄带滤波器 (频率单元) 第 g 个样本的功率；$\overline{|\xi_n|^2}$ 和 $\overline{|\xi_i|^2}$ 分别为这两个频率单元的平均功率。

涡桨飞机所有频率单元的平均相关系数约为 0.3。对于涡喷飞机，在机体两侧呈对称分布的强调制分量的相关系数约为 0.8～0.9，而那些非对称谱分量的相关系数约在 0.4～0.6 之间。

3.3　地面目标频谱特征的统计模型

本节讨论轮式和履带式地面目标雷达频谱特征的统计模型[52,85,88,96-98]。地面目标的频谱特征可由相干雷达采集获取，其中蕴含了目标大小、振动以及活动部件等方面的特性信息。

如前面所述，雷达特征统计模型通常可理解为雷达特征复幅度矢量的联合概率分布，并且可进一步假设第 k 类目标的频谱特征服从式(3.1)的多维复正态分布。地面目标雷达频谱特征的统计特性中蕴含的目标识别可用信息包括：

(1) 回波信号二次调制谱分量的强度和频率反映了地面目标的大小以及振动部件的复杂性和柔性。

(2) 目标二次调制谱分量的强度和频率还反映地面目标轮 / 履带中周期性部件的转动频率、数目和有效反射截面。

---

[1] 译者注：原著下式右边的归一化因子误写为一般正态分布的归一化因子，已修正；同时为全书符号统一起见，译著中统一采用小写 p 表示概率密度、大写 P 表示概率，并对原相关符号做了调整。
[2] 译者注：原著下式分母中两个 $\sum$ 符号外遗失了括号，此处已修正。

(3) 因目标俯仰角变化引起二次调制分量起伏的谱形和谱宽与目标类型、运动速度和地表特性有关。

地面目标雷达频谱特征及其统计模型可通过试验研究来建立。

3.3.1　地面机动车辆的频谱特征

3.3.1.1　试验系统组成及试验条件

试验中：1RL136 便携式相干雷达的波长 $\lambda = 0.03\text{m}$，天线相位中心高度 $h_a = 6\text{m}$，工作于单频探测模式；视频接收信号采用数字正交处理方式，采样率为 5kHz，量化位数为 16 bit；信号记录的时长在 30～80s 之间，雷达系统的频率不稳定性小于 1Hz，采用 N_{FFT} 点 FFT 获得频谱特征。

配试的目标有 BTR-80 装甲运兵车 (轮式车辆–类别 1)、BMP-2 步战车 (履带式车辆–类别 2) 以及 T-72 坦克 (类别 3)，地表为中等起伏的干燥地面。目标距雷达不超过 1km，姿态变化范围最大为 360°。

3.3.1.2　地面机动车辆的频谱特征

作为例子，图3.5～ 图3.7给出了三类目标回波信号幅频谱 $|G(f)|$ 的若干样本——FFT 复幅度 ξ_n ($n = 1, 2, \cdots , N_{\text{FFT}}$) 的模值，其中的 FFT 长度和单元带宽分别为 $N_{\text{FFT}} = 2048$ 和 $\Delta F_{\text{FFT}} = 2.5\text{Hz}$，各样本的时间间隔为 100ms。

轮式车辆。分析表明，运动在粗糙地面的轮式车辆在特定波长下回波信号的大部分功率都集中在多普勒频率 $f_{\text{ds}} = 2V_{\text{r}}/\lambda$ (对应的目标径向速度为 V_{r}) 左右 $\pm 20\text{Hz}$ 的区间内，称为 "本体" 谱分量，由于目标本体相对质心的转动，其频谱起伏表现为最大谱分量的频移。此时，可将目标本体理解为若干局部反射面元的集合[83]，每个局部反射面元具有特定的 RCS，它们的等效相位中心位于目标本体上。当目标的垂直和水平姿态角发生变化时，这些局部反射面元的相位差也会随之而变，从而导致本体回波的幅相波动。

当入射波照射到振动的结构部件上时，便会引起回波信号的幅相调制，从而产生 "振动" 谱分量，其频率和幅度取决于结构部件的振动频率、振幅及相应的幅相调制指标。目标上做准简谐振动的随机谐振源有以下几种：

(1) 工作状态下的推进及传送系统。

(2) 通过悬挂系统传递到车体的地面扰动。

车轮旋转产生的幅相调制相对较弱，其谱分量的功率水平相对车体分量约在 $-12 \sim -10\text{dB}$，主要原因是：

(1) 具有非均匀导电特性的 BTR-80 轮毂面被光滑的防护壳所遮蔽。

(2) 低角度观测下直达波和地面多径回波干涉，导致目标下部的回波信号严重衰减。

履带式车辆。BMP-2 步战车的频谱特征 (图3.6) 与 BTR-80 类似，T-72 坦

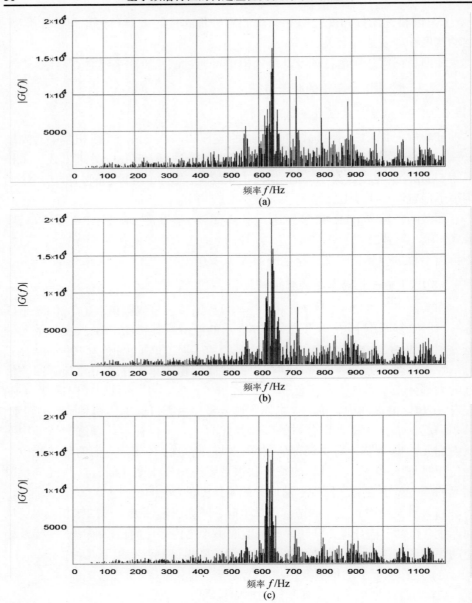

图 3.5　驶近状态下 BTR-80 运兵车的幅频谱 (角度 20°，距离 200m)

克的频谱特征 (图3.7) 则在 $2f_{ds}$ 多普勒频率处出现相对较强的 "履带" 分量。

"履带" 分量的谱形与履带顶部开放区的部件 (扩展的非均匀导电结构) 散射有关，而履带的平动和转动速度则与物体运动速度密切相关。当姿态角接近零度时，履带的前向部件被前辊上的壳体部分遮挡，但橡胶舷墙不会对回波造成显著影响。"履带" 谱分量的宽度大约在 20~30Hz 量级，取决于履带上

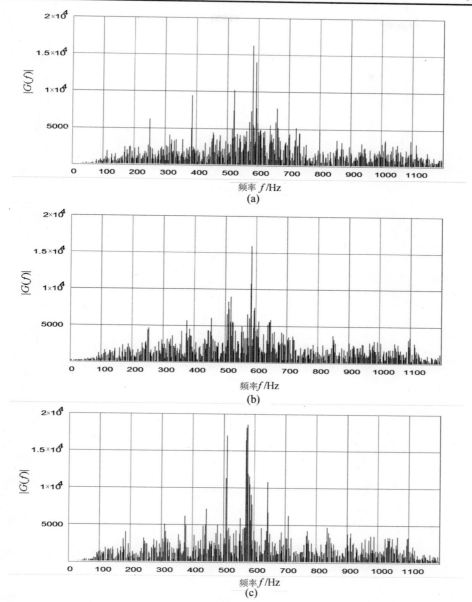

图 3.6　驶离状态下 BMP-2 步战车的幅频谱 (角度 20°，距离 200m)

有效反射单元的径向速度差。由于干涉的原因，某些情况下"履带"谱分量的功率水平可能会超过"车体"谱分量；同时在一些情况下较弱的"轮"谱分量也会出现在回波频谱中，它是旋转支撑和 T-72 轮辊对探测信号的调制所致。

由于结构的刚性、T-72 和 BMP-2 相对较大的质量 (超过轮式车辆质量的 3~4 倍) 以及所用探测信号波长较大等原因，因此推进系统工作和非均匀地表

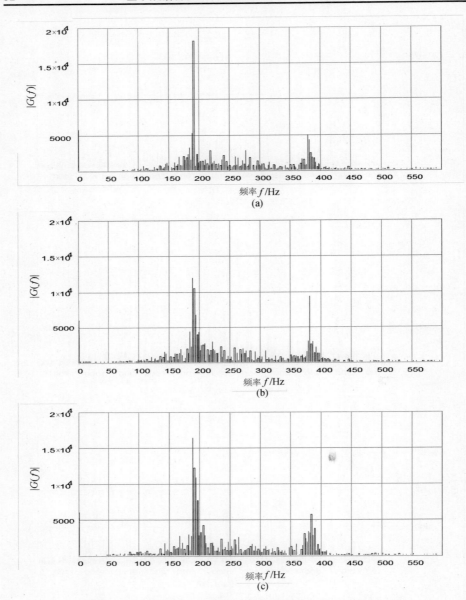

图 3.7 驶离状态下 T-72 坦克的幅频谱 (角度 20°, 距离 200m)

引起的"振动"谱分量相对较弱。履带式车辆的"车体"谱分量和"履带"谱分量的宽度约为 30~40Hz。

3.3.1.3 地面机动车辆频谱特征的统计特性

通过试验数据的统计分析可得到雷达频谱特征的统计特性。为了保证随机过程的平稳特性,分析窗口的长度应相对较短,这里不超过 2s。

图3.8给出了车体谱分量幅度和相位的概率密度估计，图中，每类目标统计 1024 个频谱样本，每个频谱样本 $N_{FFT} = 128$ 且相邻样本重叠 64 点。图示结果表明：轮式和履带式"车体"谱分量的幅度近似服从瑞利分布，相位近似服从均匀分布，即复幅度服从复正态分布。对于频谱特征的其他单元，也有类似结论，这说明了采用复正态分布描述频谱特征的有效性。

对于地面目标，采用式(3.1)时需特别注意各单元谱特征的相关性，可用下述表达式估计任意第 m、n 个频谱单元复幅度的互相关系数 $R(n, m)$：

$$
R(n, m) = \frac{\sum_{j=1}^{J} (\xi_{jn} - M(\xi_n))(\xi_{jm} - M(\xi_m))^*}{\sqrt{\left(\sum_{j=1}^{J} |\xi_{jm} - M(\xi_m)|^2 \right) \left(\sum_{j=1}^{J} |\xi_{jn} - M(\xi_n)|^2 \right)}}
$$

式中：ξ_{jn}、ξ_{jm} 分别为第 j 次 FFT 的第 n 和 m 单元的复幅度；$M(\xi_n)$、$M(\xi_m)$ 分别为 J 个 FFT 样本的第 n 和 m 单元复幅度的统计平均。

图3.9给出了位于第 n 单元的"车体"谱分量与其他频率单元相关系数 $R(n, m)$ 的模值。从试验结果来看，履带式车辆的"车体"谱分量与其他单元的互相关系数大于轮式车辆。由于相关系数相对较小，因此可认为地面目标的雷达频谱特征是弱相关的，进而可假设协方差矩阵 $\boldsymbol{R}_k(\boldsymbol{\theta})$ 为对角矩阵。对于地面目标，式(3.1)的联合分布因此可简化为

$$
p_k(\xi_1, \xi_2, \cdots, \xi_N | \boldsymbol{\theta}) = \frac{1}{\pi^N \det \boldsymbol{R}_{k+f}(\boldsymbol{\theta})} \exp \left[-\sum_{n=1}^{N} \frac{|\xi_n|^2}{2(\sigma_{nk}^2(\boldsymbol{\theta}) + \sigma_{nf}^2(\boldsymbol{\theta}))} \right]
\tag{3.2}
$$

式中：$\sigma_{nk}^2(\boldsymbol{\theta})$ 和 $\sigma_{nf}^2(\boldsymbol{\theta})$ 分别为第 k 类目标及背景噪声的频谱特征第 n 单元功率 (方差)，取值由先验未知的弱信息参数矢量 $\boldsymbol{\theta}$ 决定。

图3.10给出了目标回波信号自相关函数 $r(t)$ 的估计。图中：$r(t)$ 高频振荡的原因是未补偿多普勒频率 f_{ds}；相关函数包络过零 (符号变化) 表明回波信号存在很强的幅度调制，这是由目标上大量局部反射面元相干叠加的干涉效应所致。信号起伏的相关时间取决于地表特性、目标尺寸和运动速度。本节研究所选目标的尺寸大致相当，在上述试验条件下，信号起伏的相关时间约为 20~40ms。可以预期，随着地表不规则度的降低，目标姿态角变化的剧烈程度将有所下降，起伏相关时间则随会之增大。

基于本节的试验结果可形成如下结论：

(1) 地面目标的回波属于一类奇异随机过程，虽貌似偶发，但却是一些内在的非随机因素所致——目标车体的部件运动及平台旋进。

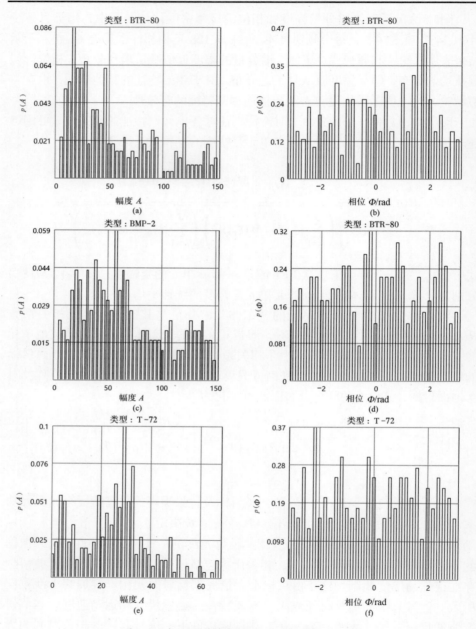

图 3.8 车体频谱特征幅度和相位的统计分布

(2) 在设计目标识别系统时，雷达频谱特征的统计模型可近似为非相关的正态分布。

(3) 雷达频谱特征的协方差矩阵与观测条件的弱信息参数 (视角、运动速度、地表类型及其他) 有关，在识别系统先验数据获取时必须予以考虑。

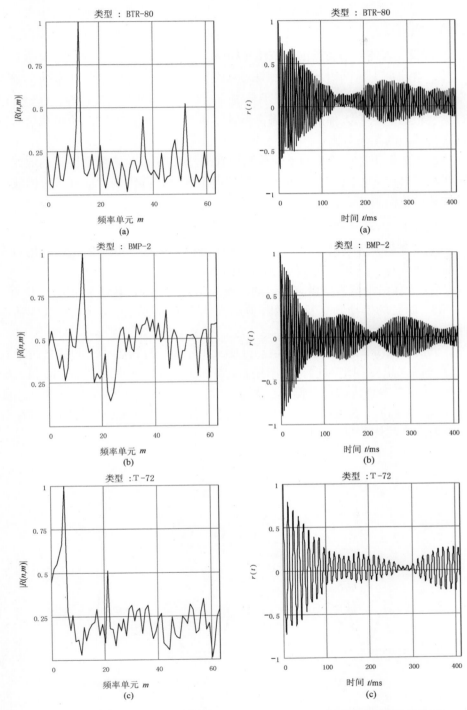

图 3.9　车体分量与其他单元的互相关系数　　　图 3.10　回波信号正交分量的相关函数

(4) 为了改善基于雷达频谱特征的地面目标识别性能，有必要采用更短波长的探测信号。

3.3.2 人体频谱特征的回波信号模型

本节讨论人体的雷达回波信号模型[88,96]。该模型描述了人体运动过程中反射特性变化的动力学，考虑了手和脚的运动、大小及其电气特性，可允许以数学建模方式获取人体的雷达频谱特征。本节还给出了不同波长探测信号下仿真与试验的结果对比。

对于地面雷达，最难的就是检测识别那些 RCS 小且多普勒展宽的地面慢速运动目标。人 (人群) 就是这类目标的典型代表，其频谱特征可通过回波信号的数学建模来获取。

3.3.2.1 人体运动学模型

为了确定人体反射特性与手臂和腿运动的相关性，需要描述四肢相对人体的运动轨迹。在推导肢体的运动学关系时，假设：

(1) 人体沿平坦表面做直线运动，不考虑人体的随机转动。

(2) 四肢的摆动频率及手 (腿) 偏离人体中垂线的最大距离均与人体运动速度有关。

下面简要介绍肢体的相对运动。图3.11给出了四肢运动中的各个阶段及相应的最大相对和绝对偏角，图中：$\Delta\zeta_1$、$\Delta\zeta_3$ 分别为大臂 ($j = 1$) 和大腿 ($j = 3$) 相对中垂线的最大偏角；$\Delta\zeta_2$、$\Delta\zeta_4$、$\Delta\zeta_5$ 分别为小臂 ($j = 2$)、小腿 ($j = 4$) 和脚 ($j = 5$) 各自相对大臂、大腿、小腿轴线的最大偏角；R_j 和 l_j 分别为第 j 个肢体的半径和长度。

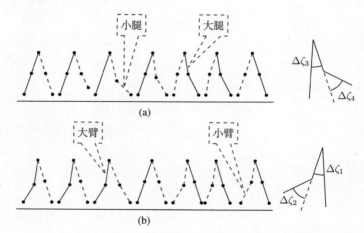

图 3.11　人体运动中的各个阶段及腿 (a)、臂 (b) 的最大偏角

行走时大臂和大腿的最大偏角 $\Delta\zeta_1$ 和 $\Delta\zeta_3$ 由运动速度、四肢长度以及个

体差异决定。小臂和小腿的运动行为稍有不同：小腿运动的起始和终止位置均在大腿的后半球内，当大腿运动至人体前半球时，小腿相对偏角 $\Delta\zeta_4 = 0$，$\Delta\zeta_4$ 的最大值则取决于下肢长度、$\Delta\zeta_3$ 及 $\Delta\zeta_5$；小臂的运动发生在大臂的前半球内，且 $\Delta\zeta_2$ 的大小与个体差异有关。为了确定踝关节部的最大偏角，图3.12给出了大腿轴线垂直取向时腿的几何关系。

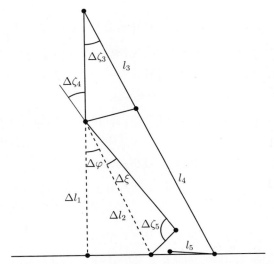

图 3.12 确定踝关节部最大夹角时腿部的几何关系示意

根据图3.12，$\Delta\zeta_4 = (\Delta\varphi + \Delta\xi)$，且[①]

$$\Delta\varphi = \arccos\left(\frac{\Delta l_1}{\Delta l_2}\right), \quad \Delta\xi = \arccos\left(\frac{l_4^2 + \Delta l_2^2 - l_5^2}{2l_4\Delta l_2}\right)$$

$$\Delta l_1 = (l_3 + l_4)\cos\Delta\zeta_3 - l_3, \quad \Delta l_2 = \sqrt{l_4^2 + l_5^2 - 2l_4l_5\cos\Delta\zeta_5}$$

故

$$\Delta\zeta_4 = \arccos\left(\frac{(l_3 + l_4)\cos\Delta\zeta_3 - l_3}{\sqrt{l_4^2 + l_5^2 - 2l_4l_5\cos\Delta\zeta_5}}\right) +$$

$$\arccos\left(\frac{l_4 - l_5\cos\Delta\zeta_5}{\sqrt{l_4^2 + l_5^2 - 2l_4l_5\cos\Delta\zeta_5}}\right)$$

---

① 译者注：原著下式中的 l_2 应为 l_4、l_1 应为 l_3，此处已修正。

肢体变化频率 F_m 是上述模型的一个重要参数，考虑以速度 V_d 做匀速直线运动且忽略因脚伸展引起的长度变化，则 F_m 由下式给定：

$$F_m = \frac{V_d}{4(l_3 + l_4)\Delta\zeta_3}$$

大臂和大腿垂直偏角的变化规律及其几何中心相对人体中垂线的位移可表示为

$$\zeta_j[n] = \Delta\zeta_j \sin(2\pi F_m n T_d), \quad r_j[n] = 0.5l_j \sin(\zeta_j[n]), \quad j = 1, 3 \qquad (3.3)$$

式中：$\zeta_j[n]$ 和 $r_j[n]$ 分别为第 n 个采样时刻肢体 j 的垂直偏角及其相位中心相对人体中垂线的位移；T_d 为采样间隔。

同理可得小臂和小腿对应量的表达式：

$$\zeta_2[n] = \begin{cases} \zeta_1[n] + \Delta\zeta_2 \sin(2\pi F_m n T_d) & \zeta_1[n] > 0 \\ \zeta_1[n] & \zeta_1[n] \leqslant 0 \end{cases} \qquad (3.4)$$

$$r_2[n] = 2r_1[n] + 0.5l_2 \sin(\zeta_2[n])$$

$$\zeta_4[n] = \begin{cases} \zeta_3[n] + \Delta\zeta_4 \sin(2\pi F_m n T_d) & \zeta_3[n] \leqslant 0 \\ \zeta_3[n] & \zeta_3[n] > 0 \end{cases} \qquad (3.5)$$

$$r_4[n] = 2r_3[n] + 0.5l_4 \sin(\zeta_4[n])$$

四肢关节 (肢体端点) 的运动关系可描述如下：

(1) 肘 ($j = 1$) 和膝 ($j = 3$)

$$\theta_j[n] = \Delta\zeta_j \sin(2\pi F_m n T_d), \quad d_j[n] = l_j \sin(\theta_j[n]), \quad j = 1, 3 \qquad (3.6)$$

(2) 手腕 ($j = 2$)

$$\theta_2[n] = \begin{cases} \theta_1[n] + \Delta\zeta_2 \sin(2\pi F_m n T_d) & \theta_1[n] > 0 \\ \theta_1[n] & \theta_1[n] \leqslant 0 \end{cases} \qquad (3.7)$$

$$d_2[n] = d_1[n] + l_2 \sin(\theta_2[n])$$

(3) 脚踝 ($j = 4$)

$$\theta_4[n] = \begin{cases} \theta_3[n] + \Delta\zeta_4 \sin(2\pi F_m n T_d) & \zeta_3[n] \leqslant 0 \\ \theta_3[n] & \theta_3[n] > 0 \end{cases} \qquad (3.8)$$

$$d_4[n] = d_3[n] + l_4 \sin(\theta_4[n])$$

式中：$\theta_j[n]$、$d_j[n]$ 分别为第 n 个采样时刻关节 j 的垂直偏角及其相对人体中垂线的位移。假设肢关节可近似为各向同性的散射体，则其回波的复幅度由其相位中心相对雷达的距离决定。

躯干运动通常包括垂直运动 (沿中垂线)、转动 (绕中垂线) 和水平往复运动 (沿水平轴) 这三种类型，后两种类型的运动较为重要，它们会在人体多普

勒频率 $f_{ds} = 2V_d/\lambda$ 周围产生附加的频谱分量，其中，转动决定躯干水平轴与视线的水平偏角 $\theta_0[n]$，往复运动则包含躯干几何中心相对人体中垂线的水平位移 $d_0[n]$ 以及躯干水平轴与视线的垂直偏角 $\zeta_0[n]$。这些量可表示为

$$\theta_0[n] = \Delta\theta_0 \sin(2\pi F_m n T_d)$$

$$d_0[n] = 0.5 l_0 \sin(\zeta_0[n]) \qquad (3.9)$$

$$\zeta_0[n] = \Delta\zeta_0 |\sin(2\pi F_m n T_d)|$$

式中：$\Delta\theta_0 = 1°\sim3°$ 和 $\Delta\zeta_0 = 1°\sim3°$ 分别为躯干水平轴相对视线的最大水平和垂直偏角；l_0 为躯干长度。

式(3.3)~ 式(3.9)描述了四肢及躯干的运动，它们是研究人体回波信号数学模型的基础。

3.3.2.2 回波信号的数学模型

肢体几何近似方法的选择是信号数学建模中的一个重要问题。通常，人体的摆动部分可表示为沿肢体分布的一些各向同性反射体，但对于肢体这类电大尺寸物体，该近似方法的计算代价巨大。

为了克服上述缺点，文献 [64,88,96] 研究利用二阶表面近似人体的摆动部分，具体采用一些有限尺寸的圆柱体来表示四肢的上半部和下半部。为了验证这种近似方法的合理性，下面对 0.5m 长的两个摆动肢体的回波进行建模仿真。仿真中，摆动频率 $F_m = 1.3\text{Hz}$、波长 $\lambda = 0.032\text{m}$。

图3.13给出了两种近似方法下肢体回波信号的幅频谱 $G(f)$。不难看出，两种近似方法下回波信号的频谱表现出高度一致性，虽然第一种近似方法采用了多达 48 个反射体。因此，圆柱体近似法在动态目标电磁散射仿真应用中更为可取。

由于人体的电物理参数在深度方向上呈非均匀分布，其电磁散射不仅要考虑外表面，还要考虑人体内部的非均匀介电体，因此通常将人体回波表示为若干局部散射的叠加。为了区分和描述这些局部散射，通常采用物理光学法，综合考虑介电界面的反射、折射及衰减。

为了简化模型，这里将人体的局部散射分成两组。第一组是在垂直面内摆动的四肢（$\theta = 0$），第二组是仅在水平面内转动的躯干（$\zeta = 0$）。

对于四肢，最简单的几何近似方法将其表示为表面涂敷介电材料且半径和长度各异的一套圆柱导体，相应的 RCS 可表示为[24,53,101]

$$\sigma_{Cj}(\zeta) = K_{Cj}(\zeta) k l_j^2 R_{Cj} \frac{\sin^2(k l_j \sin\zeta)}{(k l_j \sin\zeta)^2} \cos\zeta \qquad (3.10)$$

式中：$k = 2\pi/\lambda$ 为波数；l_j 和 R_{Cj} 分别为肢体 j 的长度和曲率半径；$K_{Cj}(\zeta)$ 为肢体 j 的电磁波衰减系数。

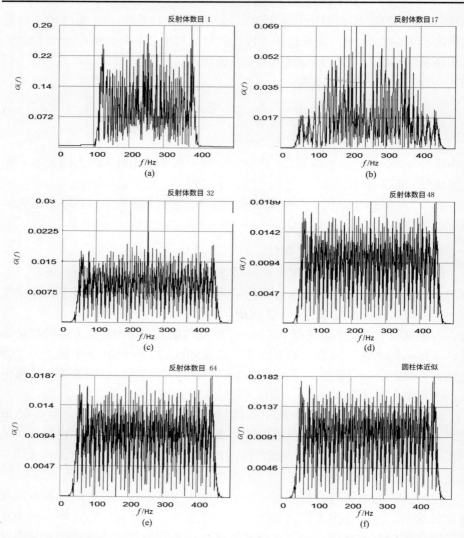

图 3.13　利用多反射体 (a)～(e) 及圆柱体 (f) 近似下两个摆动肢体雷达回波的幅频谱

对于四肢上下端结合部的关节，这里采用表层涂敷介电材料的导体球来近似，肘、膝、腕、踝关节的球半径分别为 $R_{S1} = 0.05\text{m}$、$R_{S3} = 0.1\text{m}$、$R_{S2} = 0.04\text{m}$、$R_{S4} = 0.08\text{m}$。

式(3.10)中，带介电表层的圆柱导体的电磁波衰减系数可表示为[24,53,101]

$$K_{Cj}(\gamma) = R_{0j} + (1 - R_{0j})\frac{|\sin\gamma|}{\sqrt{|\varepsilon\mu|}}$$

$$R_{0j} = R_{Pj} + \frac{1 - R_{Pj}}{2\sqrt{|\varepsilon\mu|}}\arccos\left(1 - \frac{\lambda}{16(R_j + t_j)\sqrt{|\varepsilon\mu|}}\right) \quad (3.11)$$

式中：R_{0j} 为圆柱体 j 对法向入射电磁波的功率反射系数；R_j 为柱体 j 表面的曲率半径；t_j、ε、μ 分别为柱体 j 表面材料的厚度、介电常数和磁导率；R_{Pj} 为表层材料参数为 t_j、ε、μ 的导体平板的功率反射系数；γ 为垂直面 $(\gamma = \zeta)$ 或水平面 $(\gamma = \theta)$ 内的观测角。

对于表层涂敷介电材料的导体球，可认为观测角 $\gamma = 0$，故其电磁波衰减系数可表示为

$$K_{Sj}(\gamma) = R_{Pj} + \frac{1 - R_{Pj}}{2\sqrt{|\varepsilon\mu|}} \arccos\left(1 - \frac{\lambda}{16(R_j + t_j)\sqrt{|\varepsilon\mu|}}\right) \tag{3.12}$$

对于人体躯干，可用横截面为卡西尼 (Cassini) 椭圆的凸柱体来近似[64]，对应的 RCS 由下式给定：

$$\sigma_0(\zeta, \theta) = K_{C0}(\zeta)kl_0^2 R_{C0}(\theta)\frac{\sin^2(kl_0\sin\zeta)}{(kl_0\sin\zeta)^2}\cos\zeta$$
$$R_{C0}(\theta) = \frac{a\rho}{\rho^2 - b^2\cos(\pi - 2\theta)} \tag{3.13}$$
$$\rho = \sqrt{\sqrt{(a/b)^4 - \sin^2(\pi - 2\theta)} - \cos(\pi - 2\theta)}$$

式中：a 为椭圆短轴半径；b 为椭圆焦距；θ 为椭圆长半轴与雷达视线的水平夹角。

在确定人体部件 RCS 与姿态角的关系时，需谨记上述近似方法的主要误差源：

(1) 将四肢简化为均匀涂敷的导体表面。

(2) 人体部件介电常数与磁导率的差异性。

(3) 人体运动部件的准静态特性与表面参数和速度变化有关。

(4) 未考虑非匀速直线运动时的遮挡效应与地面的干涉效应，它们对人体各部位回波的影响是不同的。

任意时刻 n 的人体回波信号等于各部件复幅度的叠加，即

$$E(\zeta[n], \theta[n]) = E_{C0}(\zeta[n], \theta[n]) + \sum_{j=1}^{4} E_{Cj}(\zeta[n]) + \sum_{j=1}^{4} E_{Sj}(\zeta[n])$$
$$E_{Cj}(\zeta[n]) = \sqrt{\sigma_j(\zeta[n])}\exp(\mathrm{i}2kr_j[n]) \tag{3.14}$$
$$E_{Sj}(\zeta[n]) = \sqrt{\sigma_j}\exp(\mathrm{i}2kd_j[n])$$

式中：$E_{C0}(\zeta[n], \theta[n])$ 为躯干回波的复幅度；$E_{Cj}(\zeta[n])$ 为肢体 j 回波的复幅度；$E_{Sj}(\zeta[n])$ 为关节 j 回波的复幅度；指数函数中的小写字母 i 为虚数单位。

将式(3.10)代入式(3.14)，可得

$$
\begin{aligned}
E(\zeta[n], \theta[n]) = {} & K_{C0}(\theta_0[n]) l_0 \sqrt{k R_{C0}(\theta)} \cdot \\
& \left| \frac{\sin(k l_0 \sin(\zeta_0[n]))}{k l_0 \sin(\zeta_0[n])} \sqrt{\cos(\zeta_0[n])} \right| \exp(\mathrm{i} 2 k d_0[n]) + \\
& \sum_{j=1}^{4} K_{Sj}(\zeta_j[n]) l_j \sqrt{k R_{Cj}} \cdot \\
& \left| \frac{\sin(k l_j \sin(\zeta_j[n]))}{k l_j \sin(\zeta_j[n])} \sqrt{\cos(\zeta_j[n])} \right| \exp(\mathrm{i} 2 k d_j[n]) + \\
& \sum_{j=1}^{4} K_{Sj} R_{Sj} \sqrt{\pi} \exp(\mathrm{i} 2 k d_j[n])
\end{aligned}
\tag{3.15}
$$

人体各部分的回波相位中心对应相应近似表面的几何中心。

3.3.2.3　人体回波信号数学建模及试验的结果

利用式(3.3)～式(3.9)及式(3.11)～式(3.15)，可以仿真人体运动的回波信号。假设探测信号为单频信号，圆柱介电层厚度设为表面曲率半径的 0.7 倍，而人体不同部位的介电常数及磁导率数据则参照文献 [79]。

图3.14给出了对回波信号作 FFT 处理后得到的人体幅频谱，其中：人体运动速度 $V_d = 1.7\mathrm{m/s}$、波长 $\lambda = 3.2\mathrm{cm}$、采样间隔 $T_d = 200\mu\mathrm{s}$、FFT 点数为 2048。为了确定各部分对人体回波的贡献度，图3.14还分别给出了各部分的仿真结果：躯干和大臂，见图3.14(a)；躯干和小臂，见图3.14(b)；躯干和大腿，见图3.14(c)；四肢及关节，见图3.14(d)。同理，图3.15给出了波长 $\lambda = 1.7\mathrm{cm}$ 时人体回波信号的幅频谱。

基于上述建模仿真的结果可形成如下结论：

(1) 人体回波信号的频谱是离散的，包含来自躯干的"主体"分量和来自四肢的"端点"分量。

(2) "主体"分量位于多普勒频率 f_{ds} 附近，回波受躯干在水平和垂直面内周期性摆动的影响而产生幅相调制，调制谱宽与躯干的尺寸和姿态角有关。

(3) 大臂 (图3.14(a) 和图3.15(a))、小臂 (图3.14(b) 和图3.15(b))、大腿 (图3.14(c) 和图3.15(c)) 以及小腿的周期性往复运动会对回波信号产生幅相调制，其谱分量关于多普勒频率 f_{ds} 呈对称分布。

(4) 幅度调制源于四肢摆动时因姿态变化引起的 RCS 变化，相位调制源于四肢的正常运动和相对运动，两种调制的相对大小与四肢的几何尺寸和运动速度有关。

下面通过仿真和实测结果的对比来检验本章人体回波信号模型的可信度。试验中采用 1RL133 和 1RL136 雷达，通过数字信号处理方式获取幅频谱，有

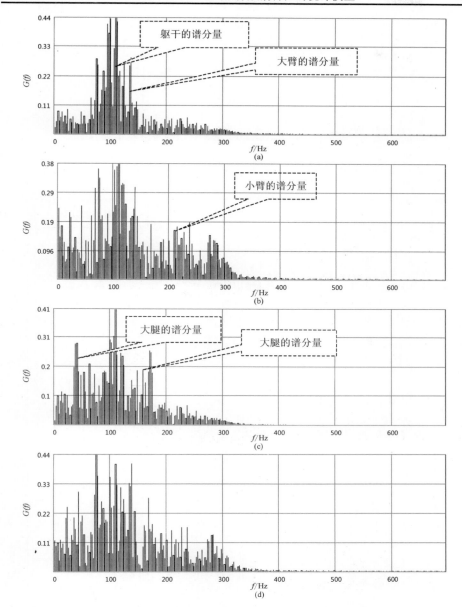

图 3.14　3.2cm 波长下人体回波信号幅频谱的仿真结果

关参数设置如下：采样间隔 $T_d = 200\mu s$、FFT 点数为 2048；两部雷达的波长与仿真条件保持一致，分别为 $\lambda = 3.2cm$ 和 $\lambda = 1.7cm$；人以 1.5～1.8m/s 的速度沿雷达视线做匀速直线运动。

图3.16和图3.17分别给出了两种波长下三个连续的幅频谱样本及其平均。通过分析对比图3.14和图3.15的数学建模结果与图3.16和图3.17的实测结果，可

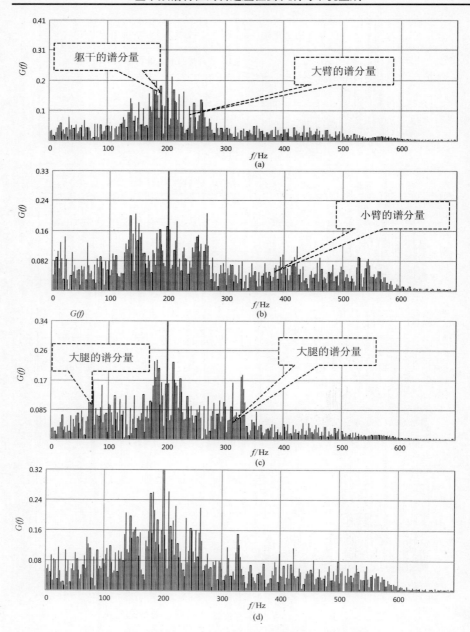

图 3.15　1.7cm 波长下人体回波信号幅频谱的仿真结果

以发现：二者在 100~1000Hz 频带内具有良好的一致性，回波信号的频谱表现出离散结构，含有"主体"分量和"端点"分量；二者在 0~100Hz 频带内的差异主要源自试验雷达对低频信号的衰减。

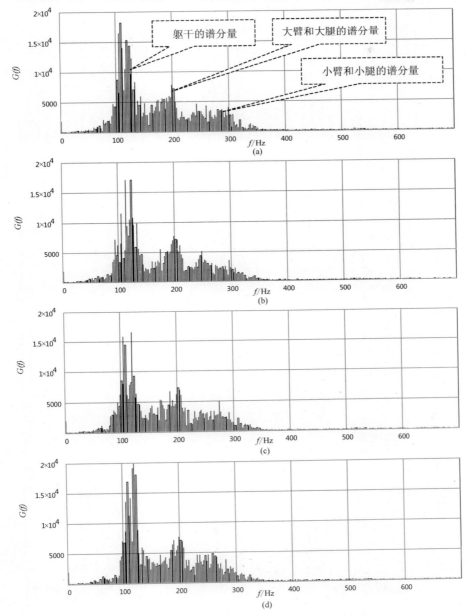

躯干的谱分量　　大臂和大腿的谱分量

小臂和小腿的谱分量

图 3.16　3.2cm 波长下人体回波信号幅频谱的实测样本

基于上述结果可形成如下结论：

(1) 本章提出的人体回波信号的数学模型具有一定的实用性，它揭示了回波信号频谱结构的主要规律，且可适应波长的变化。

(2) 可通过下列措施进一步地改善该模型的质量：采用几何绕射理论确定

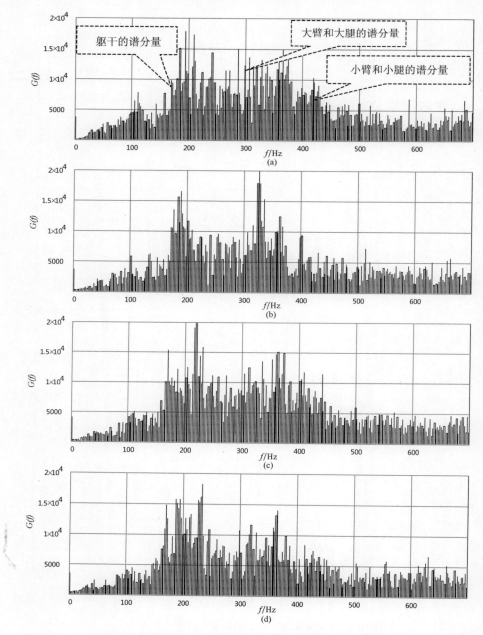

图 3.17　1.7cm 波长下人体回波信号幅频谱的实测样本

各部位的 RCS；更细致地描述四肢回波相位中心的位置及其位移；考虑各部件的相互遮挡效应；细化躯干、四肢及关节点的几何近似；考虑地面的干涉。

第4章 体杂波频谱特征的统计模型

4.1 体杂波的一般特性与补偿效率

杂波是雷达干扰信号的一个有机组成部分。由于针对某些类型干扰的技术解决方案可能会影响到其他干扰类型的对抗效果，因此现代和下一代雷达系统必须将不同类型干扰的对抗方法紧密联系起来并统筹考虑。

杂波有多种不同的来源，主要形式有以下几种：

(1) 面杂波。

(2) 云杂波 (气象和偶极子反射器，如箔条)。

(3) 干扰转发信号经地 (水) 面或偶极子云 (带) 反射形成的回波。

针对上述类型的杂波，现有的抗杂波方法主要是在空间扫描和跟踪模式下通过各种处理模块来实现的，研究最多的抗杂波领域包括[3,9]：

(1) 抗面杂波方法。

(2) 抗气象杂波和偶极子云杂波[9]。

杂波相干补偿效率的描述参数包括[9,31,58]：

(1) 杂波抑制区 (杂波凹口) 的宽度 $\Delta f_{\text{rg-mos(v)}}$ 和形状。

(2) 杂波抑制区与多普勒观测区的宽度之比，例如对于脉冲雷达，多普勒观测区的宽度 ΔF_{obz} 等于脉冲重复频率，即 $\Delta F_{\text{obz}} = F_{\text{r}}$。

(3) 杂波抑制因子 $v_{\text{Is(v)}}$，包括云和非均匀散射体边缘处的杂波。

(4) 相干杂波补偿器的幅度–速度特性 $K_{\text{s}}(V_{\text{r}})$。

本章的工作可用于研制比现有杂波补偿器 (凹口滤波器) 更复杂的体杂波补偿器，核心是充分利用回波信号相干积累后的杂波谱特征。根据杂波的频谱特征，自适应相干杂波补偿器可随时间动态调节杂波频率、杂波谱形和谱宽，通过从雷达频谱特征中提取更多的杂波特性信息并用于自适应处理链路，杂波补偿效率将会进一步提升。研制此类杂波补偿器涉及的主要工作有：

(1) 杂波谱的相关特性和空间特性研究。

(2) 杂波区空频特征的统计建模。

(3) 杂波补偿器研制，包括杂波空频特性的估计。

本章主要介绍杂波特性及其频谱特征统计模型方面的研究结果。先前的算法设计中常采用简化的杂波模型，只考虑杂波的平均多普勒频率和分辨单元内的杂波功率。但在实际中，简化模型与多样化的非平稳杂波存在类型和参数的失配，从而导致算法效率下降。

实际中的风速就是非平稳因素的典型例子，可将其描述为一个非平稳随机过程 $v_{vv}(t) = \overline{v_{vv}}(t) + \zeta_{vv}(t)$，其中：$\overline{v_{vv}}(t)$ 为慢变的平均风速；$\zeta_{vv}(t)$ 为平均风速之外的随机起伏。在雷达的空间分辨单元内，影响风速起伏和非平稳特性的主要因素有[43,72]：

(1) 地表大气压的非均匀分布。

(2) 地表大气层空气摩擦力的变化，摩擦力随高度的增加而减小。

(3) 时间，每日不同时刻的风速有所变化，例如，近地表的风速白天大、晚上小，而高空的风速则相反。

在笛卡儿坐标系下，风速矢量可分解为两个水平分量和一个垂直分量。垂直面内的空气运动又可分为下面几种类型：

(1) 热致垂直运动，其速度通常有几十米每秒，区域范围可达数千米。

(2) 因地表空气流动的摩擦力所致的动态运动，通常会形成气旋，受该因素影响产生的垂直风速可达数十米每秒。

(3) 因气流与障碍物 (地表形貌突变) 碰撞所致的垂直运动，其速度可达 $15 \sim 20 \text{m/s}$。

(4) 因等温线层上下边界空气密度差异和反转所致的波动，其垂直速度可达几米每秒。

在研究中，有必要将所分析空间分辨单元内的风速分解为快变和慢变分量，分解的性能取决于自适应滤波电路在指定观测时间 (分辨单元的处理周期) 内的滤波性能。滤波所得的慢变分量可用于杂波凹口的自适应调整，而不能补偿的快变分量则可用于杂波凹口宽度和形状的动态调整。

杂波频谱特性的估计性能可通过对距离分辨单元内的回波信号做谱分析而获得显著改善，这对研发体杂波频谱特征的统计模型而言极为重要，而在系统设计过程中引入杂波频谱特征的统计模型将有助于开发出更有效的杂波补偿器。

研究中应格外关注引起风速起伏以及决定起伏相关函数形状和参数 (也即杂波功率谱的形状和参数) 的诸影响元，包括：

(1) 云内反射体的相对位移和速度差异。

(2) 因波束扫描引起观测单元内反射体的更新。

(3) 大气扰动、随高度层化的风速 (不同高度的风速差异)、雷达空间分辨单元前部的风速起伏。

(4) 不同方位分辨单元中云的径向速度差。

(5) 阵风，自动杂波补偿器可很好地补偿其影响。

上述因素的影响及相对权重取决于大气状态参数和雷达参数 (坐标分辨力、波长和观测时间等)。因此，为了使杂波频谱特征的统计模型可适应不同的观测条件，必须在雷达探测过程中引入杂波特性估计。

关于气象杂波，已有大量论文研究了它的时频特性，比如文献 [9,43,72-73]，但对杂波频谱特征的研究尚不够充分。为此，需要开展相关的试验研究，通过数字信号处理技术获得高精度的杂波特性估计。

4.2 雨云杂波特性的试验结果

试验采用 1RL133 便携式雷达，主要工作参数：探测信号为简单矩形脉冲串，脉冲宽度 $T_0 = 0.33\mu s$，重复周期 $T_r = 250\mu s$；俯仰向波束宽度 $\Delta\varepsilon = 3.5° \pm 0.5°$；方位向波束宽度为 $\Delta\beta = 1.6° \pm 0.2°$；探测信号的波长 $\lambda = 0.0175m$。雷达通过相干超外差方式实现相干接收，因频率不稳定性引入的频谱展宽小于 1Hz。每个重复周期内，由距离选通波门选定观测云区的杂波信号，然后通过数字正交解调获得字长为 12 bit、采样频率 $F_r = T_r^{-1} = 4kHz$ 的视频信号。信号录取的时长控制在 30~80s 之间，通过 N_{FFT} 点 FFT(矩形窗) 获得杂波的频谱特征，等效积累时长 $T_{KN} = N_{FFT}T_r$。

试验条件可简述为：中雨，风速约 9~10m/s；雨云基本呈非均匀分布，高度在 50~2000m；在不同角度对不同距离和高度的云进行观测，例如，当以 7°~10° 的俯仰角观测 30° 方位、距离 1480m 处的雨云时，对应空间分辨单元的高度为 220m，线性尺寸为俯仰向 $l_\varepsilon = 82m$、方位向 $l_\beta = 37.5m$、距离向 $l_r = \Delta r = 50m$；FFT 的长度 $N_{FFT} = 2048$。

图4.1和图4.2给出了复信号 $h(t) = A(t) \exp[i\Omega_{dp}t + i\Phi(t)]$ 的两个幅频谱样本，其中：$A(t)$ 和 $\Phi(t)$ 分别为雨云杂波的幅度和相位；$\Omega_{dp} = 4\pi 2V_{vr}/\lambda$ 为径向速度 V_{vr} 的雨云的多普勒角频率，当采用多普勒角频率 Ω_{dp} 做相位补偿后，便可获得相位调制谱；两个样本的观测间隔为 18s。

不同观测角度下雨云样本的谱分析结果表明：

(1) 雨云按速度呈"分层"状态，在杂波谱中出现若干谱分量，例如，图4.1在 500Hz 和 600Hz 处各存在一个显著的频率分量。

(2) 雨云呈非均匀状态，在观测中出现不同雨团的缓慢进入与消失，例如，图4.1在 500Hz 处的雨团 18s 后消失，如图4.2所示。

(3) 雨云的总谱宽约 150~300Hz，对应散射体的径向速度约 1.49~2.97m/s，而单层雨团的谱宽约为 100Hz。

(4) 幅度和相位起伏的谱宽在 150~300Hz 之间。

图4.3左右两边分别为雨云回波 FFT 后最大谱分量与所有谱分量的幅度相位分布，图中：观测时间段同图4.2，$N_{FFT} = 128$ (对应的频率分辨率为 31.25Hz)，频谱样本总数为 1024。不难发现，两个幅度分布都近似呈瑞利分布，相位分布则呈均匀分布，因此可认为雨云杂波频谱特征的复幅度服从复正态分布，导致该结果的原因是分辨单元内存在大量杂乱分布的散射体。

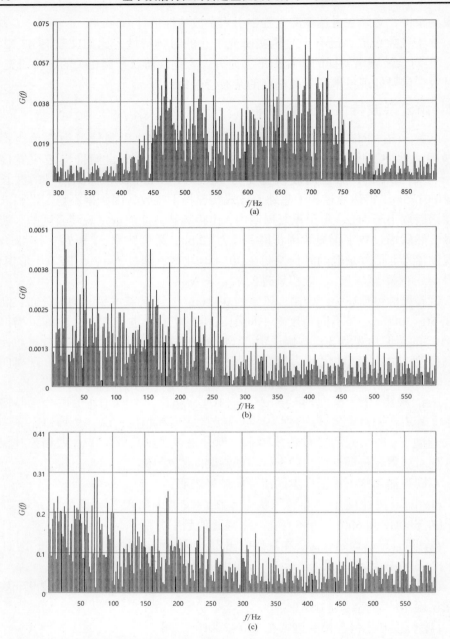

图 4.1　雨云回波的幅频谱样本 1：(a) 复频谱；(b) 幅度谱；(c) 相位谱。

图 4.3 底部给出了未补偿多普勒频率时估计的雨云杂波信号的归一化自相关函数 $R(\tau)$，所用信号的总时长为 512ms。由图不难发现，相关函数的形状与下述指数抛物线函数高度接近：

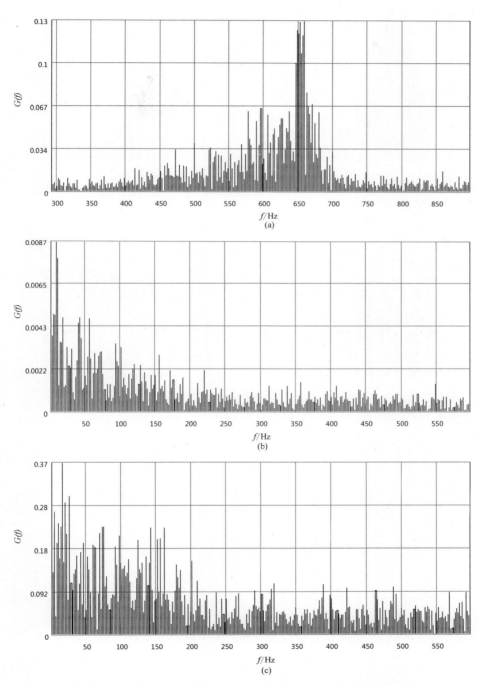

图 4.2 雨云回波的幅频谱样本 2：(a) 复频谱；(b) 幅度谱；(c) 相位谱。

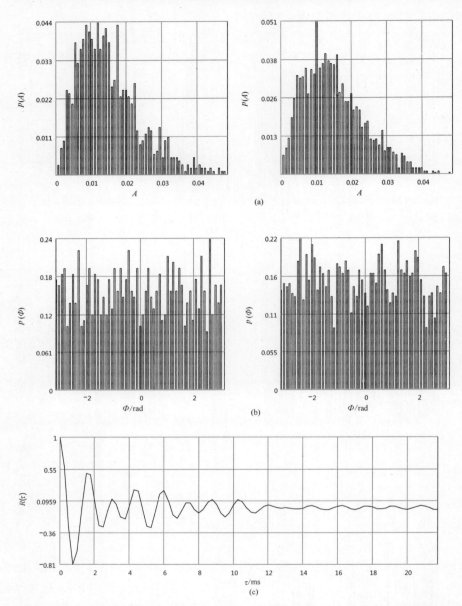

图 4.3　雨云回波的概率分布：(a) 幅度分布、(b) 相位分布、(c) 相关函数，(a) 和 (b) 左侧为 FFT 后最大频谱分量的统计结果，右侧为 FFT 前的统计结果。

$$R(\tau) = \left(1 + 2\frac{|\tau|}{\tau_{pv}}\right) \cdot \exp\left(-2\frac{|\tau|}{\tau_{pv}}\right)$$

式中：τ_{pv} 为起伏的相关时间，本例中约为 3ms。在早期研究覆盖有植被的地

表回波的文献 [3] 中也可发现类似结果。

图4.4给出了雨云回波 FFT 滤波器输出信号的互相关系数，图中：$N_{FFT} = 128$，频谱样本总数为 40；所分析单元的自相关系数恒为 1，与其他单元的互相关系数平均在 0.3 左右。

基于上述结果可形成如下结论：

首先，试验研究证实了雨云按速度呈现"分层"状态，在杂波谱中表现为若干稳定的谱分量。试验中，雨云内散射体的平均径向速度在 1.49~2.97m/s 之间，分层效应随波长减小而增加，从而大幅降低了云杂波相干补偿的效率。

其次，雨云杂波的统计特性研究证实了杂波频谱特征的复幅度服从复正态分布，且各频率分量的互相关系数不超过 0.3。考虑到复幅度的正态分布特性，因此可认为各频率分量的复幅度相互独立。雨云杂波的归一化相关函数近似呈指数抛物线形式。

4.3　雪云杂波特性的试验结果

需要重点强调的是，雪云杂波的研究结论可直接用于偶极子云。

4.3.1　雪云杂波频谱特征的试验结果

试验采用 1RL133 便携式雷达，其主要性能参数见4.2节。针对不同强度的降雪和不同特性的雪花，研究人员在不同时间开展了多次试验。试验中，风速的变化范围为 0.5~7m，雪云的高度在 50~1500m，同时还观测了均匀和非均匀的雪云 (非均匀雪云的反射率在某些距离分辨单元表现出剧烈的突变)。

图4.5~ 图4.7给出了均匀分布的雪云的回波谱分析结果。由于雪云分布相对均匀且速度扩展较小，因此可用最小谱宽来描述。观测条件可简述为：雷达工作的环境温度为 $-2°C$；地表风速为 5~11m/s；干燥大雪花的直径为 8~10mm。

图4.5(a)~(d) 给出了回波信号幅频谱的几个非重叠样本，其中都存在一个功率明显超过相邻单元的显著分量，且其 3dB 谱宽相对较窄，约 35Hz。图4.6给出了与图4.5同时段回波信号幅度 $A_v(t)$ (对回波信号的模值作 FFT) 的调制谱，其中主调制谱宽的变化范围为 25~35Hz。图4.7给出了与图4.5同时段回波信号相位 $\varphi_v(t)$ (对 $\exp[i\varphi_v(t)]$ 作 FFT) 的调制谱，其中调制谱宽最大不超过 25Hz。

作为对比，图4.8~ 图4.10给出了小团雪云中部回波的谱分析结果，此时近地表的风速约 6~7m/s。由图可见，回波信号的幅频谱中依然存在"分层现象"，但因为小团雪云前后沿的涡流形式不同，而它们又同时落入同一分辨单元，因此导致幅频谱展宽。通过对比几个非重叠的幅频谱样本，不难发现谱分量的电平变化，原因是小团雪云在保持分层结构的同时，各层的非均匀性会

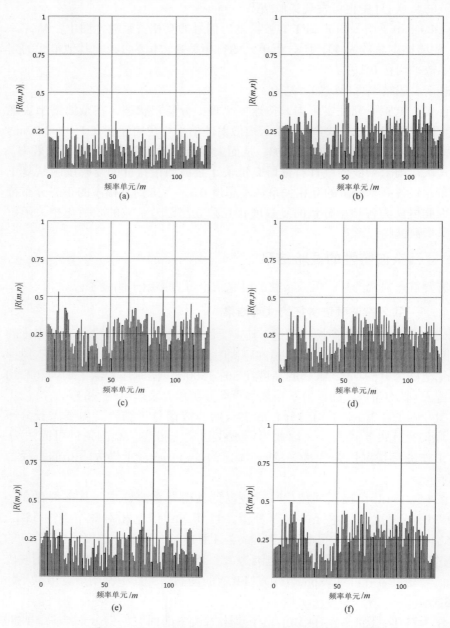

图 4.4 雨云回波 FFT 滤波器输出信号的互相关系数估计

导致每层频谱分量的电平发生波动。小团雪云的幅频谱宽度约为 60~120Hz，幅度谱宽度约 60~150Hz，相位谱宽度则不超过 65Hz。因此，可认为幅度调制在雪云回波中起主要作用。

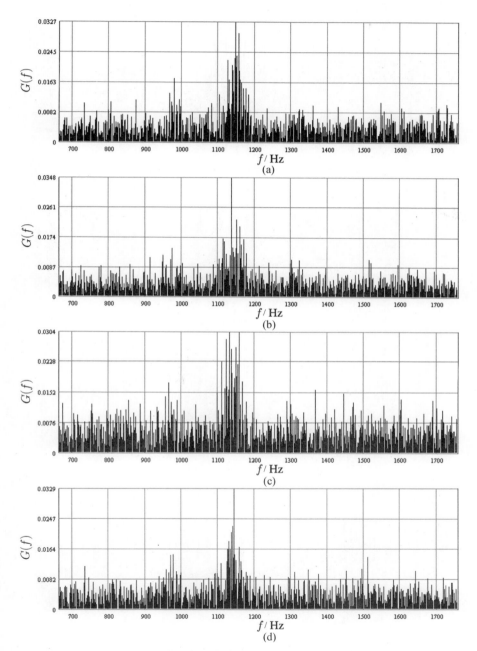

图 4.5　均匀雪云中部回波信号的幅频谱 (试验条件 $\varepsilon_a = 20°$、$\varphi_v = 0°$、$r_n = 2120\text{m}$、$N_{\text{FFT}} = 2048$、$T_r = 250\mu\text{s}$)

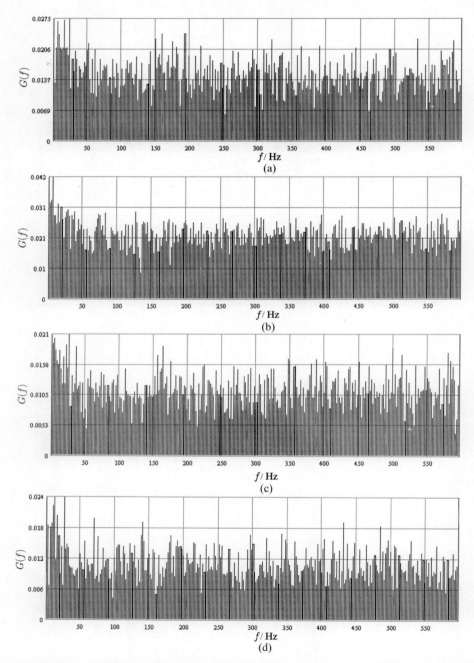

图 4.6 均匀雪云中部回波信号的幅度谱 (条件同图4.5，图示为四帧不重叠信号的非相干积累结果)

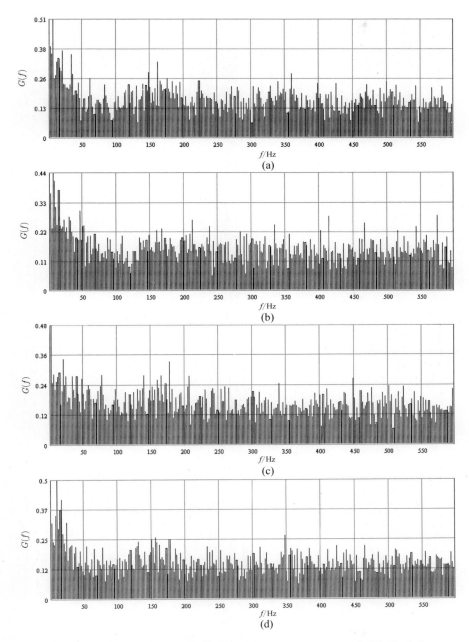

图 4.7　均匀雪云中部回波信号的相位谱(条件同图4.5，图示为四帧不重叠信号的非相干积累结果)

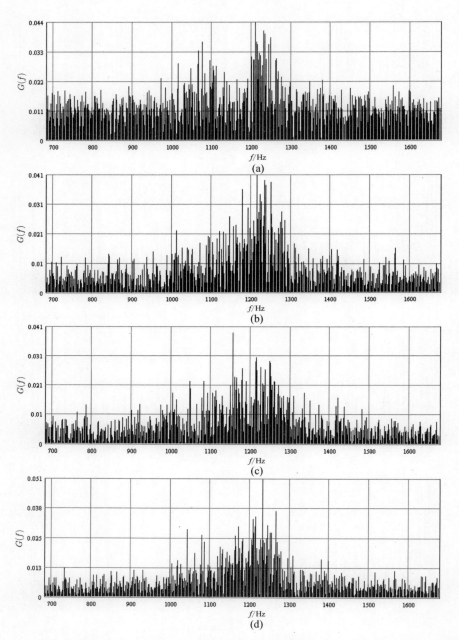

图 4.8　无降雪条件下雪云中部回波信号的幅频谱 (试验条件: 风速 $V_v = 6 \sim 7\mathrm{m/s}$、$\varepsilon_a = 20°$、$\varphi_v = 15 \sim 20°$、$r_n = 2980\mathrm{m}$、$N_{\mathrm{FFT}} = 2048$、$T_r = 250\mu\mathrm{s}$)

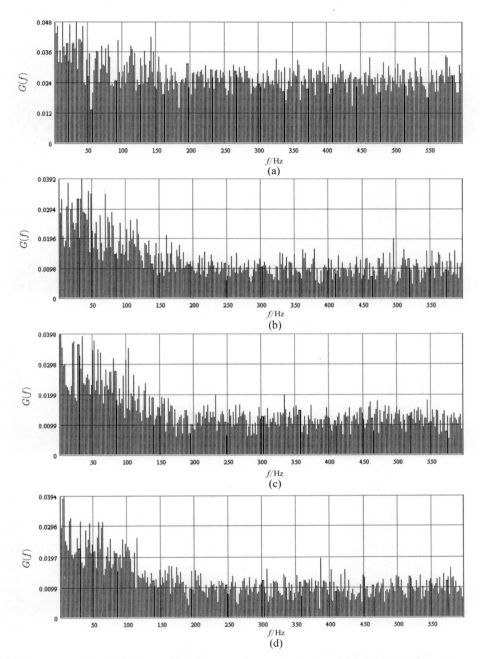

图 4.9　雪云中部回波信号的幅度谱 (条件同图4.8，图示为四帧不重叠信号的非相干积累结果)

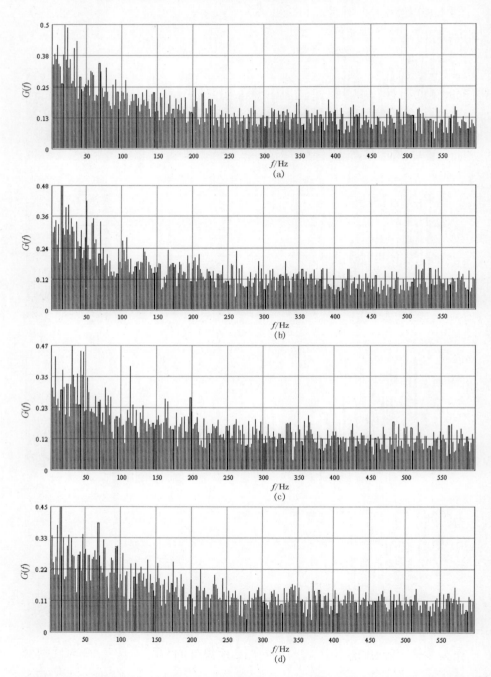

图 4.10　雪云中部回波信号的相位谱 (条件同图4.8, 图示为四帧不重叠信号的非相干积累结果)

图4.11(a) 给出了小团雪云 FFT 滤波器 ($N_{FFT} = 128$) 输出信号的互相关系数估计，图中，所分析单元的自相关系数恒为 1，与其他单元的互相关系数平均在 0.3 左右。图4.11(b) 的左右两边分别为雪云回波最大谱分量的幅度和相位分布，FFT 点数仍为 128 点，对应分辨率为 31.25Hz。总体而言，雪云杂波频谱特征的幅度近似服从瑞利分布，相位服从均匀分布，故其复幅度服从复正态分布，导致该结果的原因是分辨单元内存在大量杂乱分布的散射体。图4.11(c) 为补偿多普勒频率后所估计的雪云杂波的归一化自相关函数 $R(\tau)$，分析信号的总时长为 512ms，实际上消除了有限时长对序列分析结果的影响。作为一种近似，可认为雪云杂波的相关函数介乎指数函数和指数抛物线之间，本例中的相关时间约为 2ms。

通过 $\lambda = 1.75\text{cm}$ 的雷达取得的试验结果，关于雪云杂波频谱特征不难得出下述结论：

(1) 雪云速度呈现非均匀特性，按高度分成若干速度层，即便在相当小的区域内 (100m×100m×100m) 也是如此。体现在雷达频谱特征中，分层会导致频谱特征中出现若干不同多普勒频率的稳定分量，每个分量的谱宽相对较窄 (约 40~50Hz)，所有分量的展布范围可达 230~250Hz。当空间分辨单元位于两个速度层的连接处时，分层现象最为显著。对于均匀雪云，存在一个谱宽 20~50Hz、功率占主导地位的主分量。

(2) 径向风速的均值随高度增加可增可减，且空间分辨单元内的风速是非平稳的，随高度呈非均匀分布。风速增大会增加大气扰动并扩展反射体的入射率，从而导致杂波谱展宽，风速增加还会增大各速度层的多普勒频率差。

(3) 雪云杂波频谱特征统计特性的研究证实了复幅度的复正态分布，由于各谱分量的互相关系数平均约为 0.3，故可认为雪云杂波频谱特征各分量相互独立。

(4) 雪云杂波的归一化互相关函数在形式上介于指数函数和指数抛物线函数之间，起伏的相关时间在 1.5~3ms 之间。

(5) 雪云频谱特征与降雪条件的关系：随着降雪强度的增加，幅相谱的宽度会从 50Hz 增加到 150Hz，而且雪云的频谱也不再那么粗壮。

4.3.2　分辨单元内风速均值与自相关函数的试验结果

在设计自动杂波补偿器的滤波和外推电路时，最重要的就是研究空间分辨单元内平均风速的时变行为。

作为例子，图4.12给出了雪云不同径向距离处的平均风速 $\overline{V}_v$ 随时间的变化关系。试验条件为：迎风角 $\varphi_v(t) = 15° \sim 20°$、气温 0°C、地表风速 6~7m/s。每隔 1 min 左右对同一雪云的下述部位进行观测，并对观测结果作滑窗平均 (窗口长度 1.5s)：

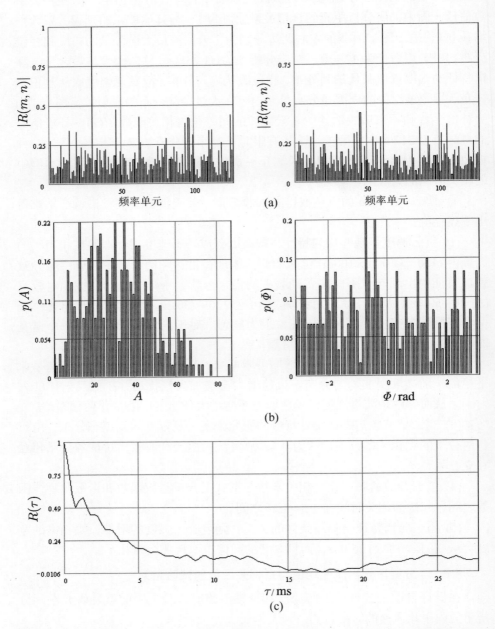

图 4.11　雪云回波的统计特性：(a) 复幅度的互相关系数；(b) 最大频谱分量幅度和相位的概率分布；(c) 相关函数。试验条件：$V_v = 6 \sim 7 \text{m/s}$、$\varepsilon_a = 20°$、$\varphi_v = 15 \sim 20°$、$r_n = 2600 \text{m}$、$T_r = 250 \mu \text{s}$。

1——云的后沿，距离约 4300m；

2——云的中部，距离约 3130m；

3——云的前沿，距离约 2060m；

4——第一主分量，距离约 2750m；

5——第二主分量，距离约 3285m。

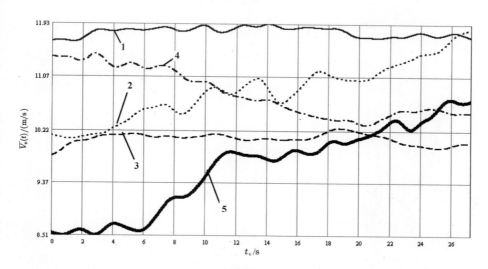

图 4.12　平均风速随时间的变化关系

图4.13给出了风速相对均值起伏的相关函数 $R_V(\tau)$，试验条件为：直径 2～2.5mm 的干燥细雪花、降雪强度中等、气温 $-7 \sim -5°C$、地表风速 5m/s。图4.13 (a)、(b)、(c) 均值估计时的窗口长度分别为 0.5s、1s 和 2s，各条曲线分别对应：

1——第一片云的后沿，距离为 2580m(方位为 0°)；

2——第一片云的前沿，距离为 1440m(方位为 0°)；

3——第二片云的前沿，距离为 1025m(方位为 300°)；

4——第二片云的后沿，距离为 1625m(方位为 300°)。

从图4.13风速起伏的相关函数来看：云后沿风速起伏的相关时间最小，前沿风速起伏的相关时间最大，且起伏的相关函数可用函数 $\exp\alpha \cos\beta$ 或 $\exp\alpha$ 来近似。

根据上述试验结果可形成如下结论：

(1) 平均风速 $\overline{V}_v$ 随时间变化，表明风速是非平稳的，$\overline{V}_v$ 的变化与风的属性 (均匀或阵风)、风速及高度有关。平均来讲，风速会随高度的增加而增加，但当分析区域的高差较小 (几百米) 时，平均风速 $\overline{V}_v$ 随机变化。在 30s 内，平均风速 $\overline{V}_v$ 的变化量可达平均值的 30%；在 1s 内，变化量相对较小，仅有 5%。

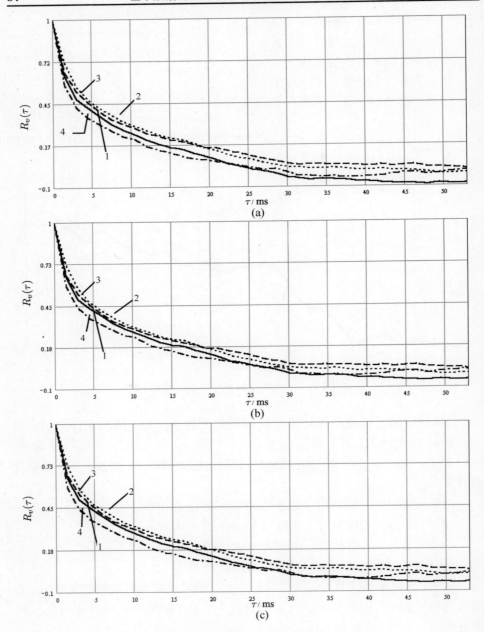

图 4.13 风速相对均值起伏的相关函数

(2) 平均风速和相对起伏量的方差可由自动杂波补偿器通过滤波和外推得到，且这些滤波电路至少应是二阶的。

(3) 风速相对均值起伏的相关时间基本在一个数量级上，对应杂波信号起伏的相关时间。当低强度降雪、径向风速不小于 8m/s 且空间分辨单元体积较大时，相关时间取最小值 3~4ms，此时风速起伏的相关函数可近似为 exp cos 形式。当强降雪、径向风速 4~6m/s、分析区域高于地面 100~400m 时，相关时间取最大值 5~6ms，此时起伏的相关函数可用指数曲线近似。

(4) 雪云杂波起伏的相关时间主要取决于风速起伏。

(5) 增加风速均值估计时的窗口长度将导致风速起伏的相关时间减小。

4.4　体杂波频谱特征的统计模型及其自适应参数

杂波频谱特征的统计模型可描述为特征单元复幅度的联合分布。试验研究证实雨云、雪云杂波的复幅度服从复正态分布，该结论具有很高的置信度并可扩展至偶极子云。因此，可将体杂波的统计模型表述为

$$p(\xi_1, \xi_2, \cdots, \xi_N | \boldsymbol{\theta}_V) = \frac{1}{\pi^N \det \boldsymbol{R}_{v+f}(\boldsymbol{\theta}_V)} \exp\left[-\boldsymbol{\xi}^* \boldsymbol{Q}_{v+f}(\boldsymbol{\theta}_V)\boldsymbol{\xi}\right] \qquad (4.1)$$

式中：$\boldsymbol{\xi}$ 为 N 个频率单元的复幅度 $\xi_1, \xi_2, \cdots, \xi_N$ 构成的列矢量，它是云杂波和背景噪声 (如雷达接收机的热噪声) 的加性混合；$\boldsymbol{R}_{v+f}(\boldsymbol{\theta}_V) = \boldsymbol{R}_v(\boldsymbol{\theta}_V) + \boldsymbol{R}_f$ 为特征复幅度的协方差矩阵，包括云杂波信号的协方差矩阵 $\boldsymbol{R}_v(\boldsymbol{\theta}_V)$(与先验未知参数 $\boldsymbol{\theta}_V$ 有关) 和背景噪声的协方差矩阵 $\boldsymbol{R}_f$；$\boldsymbol{Q}_{v+f}(\boldsymbol{\theta}_V)$ 为 $\boldsymbol{R}_{v+f}(\boldsymbol{\theta}_V)$ 的逆矩阵，$\det \boldsymbol{R}_{v+f}(\boldsymbol{\theta}_V)$ 为 $\boldsymbol{R}_{v+f}(\boldsymbol{\theta}_V)$ 的行列式。

考虑到各频率单元复幅度的不相关性，云杂波频谱特征的协方差矩阵 $\boldsymbol{R}_v(\boldsymbol{\theta}_V)$ 为对角阵，若背景噪声为白噪声，则矩阵 $\boldsymbol{R}_f$ 也为对角阵。因此，式(4.1)的多维联合分布可简化为[①]

$$p(\boldsymbol{\xi}|\boldsymbol{\theta}_V) = \frac{1}{\pi^N \det \boldsymbol{R}_{v+f}(\boldsymbol{\theta}_V)} \exp\left[-\sum_{n=1}^{N} \frac{|\xi_n|^2}{2(\sigma_{nv}^2(\boldsymbol{\theta}_V) + \sigma_{n0}^2)}\right] \qquad (4.2)$$

其中的行列式可表示为

$$\det \boldsymbol{R}_{v+f}(\boldsymbol{\theta}_V) = \prod_{n=1}^{N} 2(\sigma_{nv}^2(\boldsymbol{\theta}_V) + \sigma_{n0}^2)$$

式中：$\sigma_{nv}^2(\boldsymbol{\theta}_V)$ 和 σ_{n0}^2 分别为第 n 个特征单元的杂波功率和背景功率。

因此，确定云杂波频谱特征统计模型的问题便转换为确定方差 $\sigma_{nv}^2(\boldsymbol{\theta}_V)$，$n = 1, 2, \cdots, N$，它们与先验未知的参数矢量 $\boldsymbol{\theta}_V = [\theta_1, \theta_2, \cdots, \theta_{J_V}]^{\mathrm{T}}$ 有关。这些未知参数包括：

(1) 所分析云片包含的层数及各层的多普勒频率。

(2) 每层云的方差 (功率) 及分布类型。

需要注意的是，上述参数随云片 (各空间分辨单元内的云) 的不同而变化，这是由云的非均匀性、风速差异以及不同云片的视角差异所致。其中，云片视

---

① 译者注：原著式(4.2)及式(4.1)右边的归一化因子误写为一般正态分布的归一化因子，这里已修正。

角 φ_{rv} 定义为云片处的平均风速矢量与雷达至云片中心视线方向的夹角，通常可将 φ_{rv} 分解为俯仰角 ε_{rv} 和方位角 β_{rv}。

在求解空中目标的检测、识别与跟踪问题时，若预知目标存在但杂波的类型和参数未知，自适应处理就显得十分必要。在自适应处理时，假设每个空间分辨单元内仅存在某一种类型的杂波，且可通过估计获得先验未知参数 $\hat{\boldsymbol{\theta}}$。估计过程中通常假设：分析单元的所有相邻单元内不存在目标信号；这些单元的杂波具有某种相似性 (空间相关性)；杂波主参数在两次观测间无显著变化 (观测间隔小于 1s 时成立)。

本章基于试验研究获得了雨云杂波和雪云杂波频谱特征的统计模型。该模型具有很高的置信度并可拓展至偶极子云，其形式为含有先验未知参数的复正态分布。考虑到相邻分辨单元杂波的空间相似性以及杂波主参数时间缓变特性，在雷达观测过程中可自适应地估计这些先验未知参数。

第5章 有源欺骗干扰频谱特征的统计模型

5.1 有源欺骗干扰的统计建模方法

5.1.1 概述

在过去的 20 年里，电子干扰伴随雷达技术的快速发展而发展。与以往一样，距离、速度和角度有源欺骗干扰系统占据着电子干扰装备的核心地位。

在含有相干积累的跟踪雷达中，空中目标距离和角度域滤波处理的条件是正确测量目标的多普勒频率 $\Omega_{ds} = 4\pi V_r/\lambda$ 或者径向速度 V_r，其中 λ 为探测信号的波长，因此，有源欺骗干扰可通过给测速单元引入错误的多普勒信息来达到破坏雷达距离和角度跟踪的目的。因此，雷达抗速度欺骗干扰 (多假信号和拖引) 至关重要，将雷达识别方法[29,50,78,91]与回波信号谱分析相结合，有望为鉴别速度欺骗干扰提供一条可能的途径。

目前，针对相干雷达系统的有源欺骗干扰信号主要是通过转发方式产生[5-8,16-17,45,57,70-71,95]。大部分干扰转发器对接收到的雷达探测信号 $u_{in}(t - t_r/2)$ 施加时延和多普勒频移，试图在距离和多普勒域上形成目标存在的虚假信息，其中 $t_r = 2r_t/c$ 为距离 r_t 处雷达目标回波的双程延迟。此类干扰转发器[95]的通用结构如图1.1所示。

转发信号的频移通常由带载波抑制的单边带调制来实现，具体可采用频率外差法或者相位变化范围等于 2π 或其整数倍的锯齿形相位调制[17,45,95]。文献 [17,95] 指出，转发器输出信号的频谱中含有主频谱分量和次生频谱分量，后者是因实际相位调制律偏离理想锯齿律所致。

文献 [95] 建议利用干扰信号中存在次生频谱分量这一特性来抗有源欺骗干扰，并指出经频率转换器后主输入频率处的信号被抑制到 $-(15 \sim 40)$dB 的水平 (与频率转换器的性能有关)，但有关次生频谱分量及其影响因素的信息却未出现在公开出版物中。因此，研究这些相互影响关系就成为对干扰机频率转换器输出信号的频谱特征进行描述和建模的第一步，这对于识别系统设计和特殊型欺骗干扰鉴别具有重要意义。

5.1.2 频率转换器的线性时变系统模型

这里采用线性时变系统来描述频率转换器的信号转换过程，其复传递函数具有如下的时变形式[12,56]：

$$K(\omega, t) = A(\omega, t) \exp[i\varphi(\omega, t)] \tag{5.1}$$

式中：$A(\omega, t) = |K(\omega, t)|$ 和 $\varphi(\omega, t) = \arg K(\omega, t)$ 分别为传递函数的幅度和相位。

这种转换器实际上就是移相衰减器，可表示为受控延迟线和频率相关衰减器的级联系统。假设传递函数 $K(\omega, t)$ 受控于控制输入 $u_\varphi(t)$，理想情况下 $u_\varphi(t)$ 可描述为

$$u_\varphi(t) = \sum_{i=-\infty}^{\infty} u_{\varphi 0}(t - i T_{r\varphi}) \tag{5.2}$$

式中：$u_{\varphi 0}(t) = t / T_{r\varphi}$ $(0 < t \leqslant T_{r\varphi})$ 为调制周期 $T_{r\varphi}$ 内控制量的变化律；i 为调制周期数。

该系统的输出信号可由逆傅里叶变换确定[56]：

$$u_{\text{out}}(t) = \frac{1}{2\pi} \int_{-\infty}^{\infty} s_{\text{in}}(\omega) K(\omega, t) e^{i\omega t} \, d\omega$$

式中，$s_{\text{in}}(\omega)$ 为输入信号的复频谱。

探测信号的典型频谱宽度 (MHz 量级) 相较干扰转发器的带宽 (8~16 GHz) 而言，满足窄带条件。此时，转换器的传递函数在转发信号频带内可表示为如下形式①

$$K(\omega, t) = |K(\omega, t)| e^{i\varphi(\omega_0, t)} e^{i(\omega - \omega_0)\tau_\varphi(t)}$$

式中：$\tau_\varphi(t) = [\partial\varphi(\omega, t)/\partial\omega]_{\omega=\omega_0}$ 为转换器在探测信号载频 ω_0 处相频特性的斜率。

但实际中的相位调制律可能会偏离理想锯齿形调制，主要原因包括：首先，由于控制输入的幅度控制误差与宽带调制器的载频误差，相位变化范围可能不是 2π 的整数倍；其次，对于大变化范围的相位调制器，需要数十乃至数百伏的控制电压以产生相位的极限值 (比如一般或特殊的行波管)，在所要求的控制电压线性度下难以保证很短的电压回复时间，因此在锯齿调制中会存在回复时间；再次，相位调制器特性和控制电压存在非线性；最后，实际相位调制器中存在寄生的幅度调制。

因此，有必要分析干扰信号中次生频谱分量的大小与相位偏差、相对回复时间以及控制输入的非线性特性和程度等因素的关系。其他因素 (如寄生幅度调制的深度) 的影响分析则需结合特定类型的调制器特性，这里不予讨论。

为方便起见，下面给出一种考虑控制输入的转换器传递函数形式。文献 [56] 考虑可能出现的失真，将转换器的输出信号描述为

$$u_{\text{out}}(t) = M(t) u_{\text{in}}(t)$$

① 译者注：下式即式(5.1)在 ω_0 处的一阶台劳展开。

式中：$M(t) = K(\omega_0, t)$ 为干扰的复调制律，由宽带频率转换器在 ω_0 处的传递函数决定。

转换器传递函数与归一化控制输入 $u_\varphi(t)$ 之间的关系可由下式描述：

$$K(\omega_0, u_\varphi(t)) = |K(\omega_0, u_\varphi(t))|e^{i\omega_0\tau_{\varphi 0}u_\varphi(t)} = |K(\omega_0, u_\varphi(t))|e^{imu_\varphi(t)} \tag{5.3}$$

式中：$\tau_{\varphi 0}$ 和 m 分别为控制输入在频率 ω_0 处的时延和对应的相移。

相位调制的非线性可在控制输入的非线性中予以考虑，本书将实际控制输入 $u_{\text{nel}}(t)$ 表示为线性控制 $u_\varphi(t)$ 的非线性变换形式：

$$u_{\text{nel}}(t) = \frac{|u_\varphi(t)|^{2\alpha}}{u_\varphi(t)} \tag{5.4}$$

在该变换下，通过改变非线性参数 α 可描述多种非线性。

5.1.3　锯齿形相位调制信号频谱特征的解析分析法

下面分析采用锯齿形相位调制时转换器输出信号的频谱，分析中考虑调制律的回复过程，具体如图5.1所示。

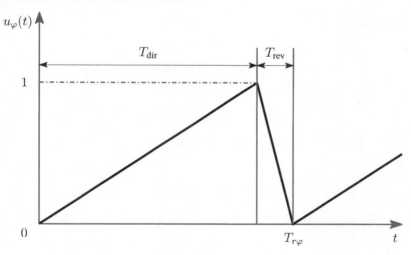

图 5.1　锯齿形相位调制及其参数

若回复时间 $T_{\text{rev}} = kT_{r\varphi}$ 不为零，则分析时可将式(5.2)中的 $u_{\varphi 0}(t)$ 转换为如下形式：

$$u'_{\varphi 0}(t) = \begin{cases} \dfrac{t}{(1-k)T_{r\varphi}}, & 0 \leqslant t \leqslant (1-k)T_{r\varphi} \\ \dfrac{T_{r\varphi} - t}{kT_{r\varphi}}, & (1-k)T_{r\varphi} < t \leqslant T_{r\varphi} \end{cases} \tag{5.5}$$

$$u'_\varphi(t) = \sum_{i=-\infty}^{\infty} u'_{\varphi 0}(t - iT_{r\varphi}) \tag{5.6}$$

式中：$k = T_{\text{rev}}/T_{\text{r}\varphi}$ 为回复时间与调制周期的比值。

此时，频率转换器的输出信号可由表达式 $u_{\text{out}}(t) = M(t)u_{\text{in}}(t)$ 和 $M(t) = \exp[imu'_{\varphi 0}(t)]$ 描述。如文献 [56] 所述，输出信号的频谱分析可简化为干扰调制函数 $M(t)$ 的频谱分析。对于不存在调制回复过程的情形，将函数 $\text{e}^{imu_{\varphi 0}(t)}$ 在周期 $[0, T_{\text{r}\varphi}]$ 内展开为复傅里叶级数形式：

$$\text{e}^{imu_{\varphi 0}(t)} = \sum_{n=-\infty}^{\infty} C_n(m)\text{e}^{in\frac{2\pi}{T_{\text{r}\varphi}}t} \tag{5.7}$$

式(5.7)中的复傅里叶系数为

$$C_n(m) = \frac{1}{T_{\text{r}\varphi}} \int_0^{T_{\text{r}\varphi}} \text{e}^{imu_{\phi 0}(t)}\text{e}^{-in\frac{2\pi}{T_{\text{r}\varphi}}t}\,\text{d}t \tag{5.8}$$

$$= \frac{1}{i(m - 2\pi n)}[\text{e}^{i(m-2\pi n)} - 1]$$

而存在回复过程时的复傅里叶系数可表示为

$$C_n(m, k) = \frac{1}{T_{\text{r}\varphi}} \left(\int_0^{T_{\text{r}\varphi}(1-k)} \text{e}^{im\frac{1}{T_{\text{r}\varphi}(1-k)}t}\text{e}^{-in\frac{2\pi}{T_{\text{r}\varphi}}t}\,\text{d}t + \right.$$

$$\left. \int_{T_{\text{r}\varphi}(1-k)}^{T_{\text{r}\varphi}} \text{e}^{im\frac{T_{\text{r}\varphi}-t}{T_{\text{r}\varphi}k}}\text{e}^{-in\frac{2\pi}{T_{\text{r}\varphi}}t}\,\text{d}t \right)$$

$$= \frac{m}{i(m^2 + 2\pi nm(2k-1) + (2\pi n)^2 k(k-1))}[\text{e}^{i(m+2\pi nk)} - 1] \tag{5.9}$$

当相位调制指数 $m = 2\pi l$ $(l = 1, 2, \cdots)$ 为 2π 的整数倍数时，式(5.8)可化简为

$$C_n(2\pi l) = \frac{1}{i 2\pi(l-n)}\left(\text{e}^{i2\pi(l-n)} - 1\right) = \delta_{nl} \tag{5.10}$$

式中：δ_{nl} 为克罗内克 (Kronecker) 符号。

应指出的是，转换器输出信号的频谱可通过其傅里叶级数展开后的系数值来分析，它决定了对应频谱分量的幅度。作为例子，图5.2给出了不同条件下系数 C_n 的模值：图5.2 (a) 为相位调制指数 $m = 2\pi$ 且无调制回复的情形，此时为理想转换，对应的输出信号与式(5.7)一致，仅在频率 $2\pi/T_{\text{r}\varphi}$ 处有一个频谱分量；当相位调制指数不是 2π 的整数倍 (图5.2 (b) 的情形) 或者回复时间非零 (图5.2 (c) 的情形) 时，输出信号的频谱中出现了次生频谱分量。

若相位调制律偏离理想情形，此时式(5.9)复傅里叶系数的形式相对复杂。根据式(5.9)计算的傅里叶系数的模与相位变化量 (相位调制指数) 及回复系数的关系如图5.3所示①。

---

① 译者注：该图中参数 k 与图例的对应关系不明确。

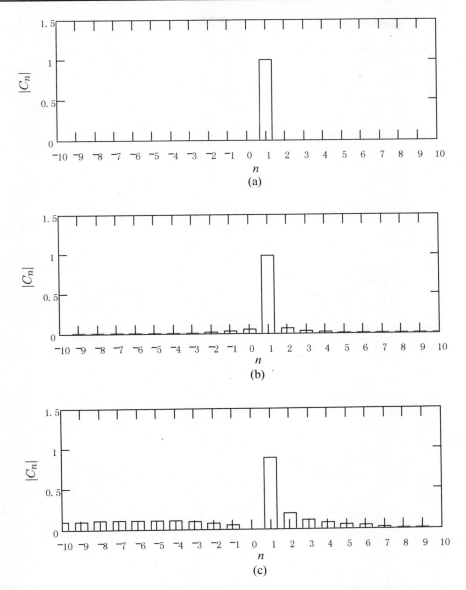

图 5.2 相位调制律的参数取不同值时频率转换器的输出频谱：(a) 相位变化量 $m = 2\pi$，回复系数 $k = 0$；(b) 相位变化量 $m = 2.1\pi$，回复系数 $k = 0$；(c) 相位变化量 $m = 2\pi$，回复系数 $k = 0.1$。

5.1.4 非线性锯齿形相位调制信号的建模与仿真

建模仿真的必要性源自采用解析法分析相位调制律非线性影响时的复杂性，相应的建模过程可描述如下。

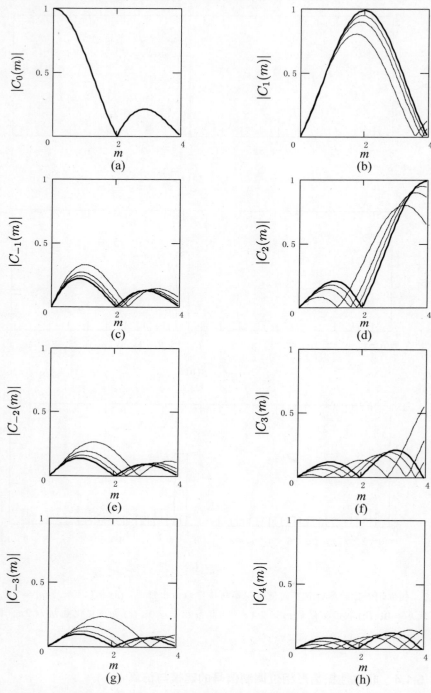

图 5.3　周期性锯齿形相位调制律傅里叶系数的模与相位变化量 m 及回复系数 k 的关系（$k=0.01$，$k=0.05$，$k=0.1$，$k=0.2$）

首先，对于给定的非线性指数 α 和时间分辨率 Δt，按照锯齿形相位调制律产生调制信号复包络的有限样本序列 $X_l = M(l\Delta t), l = 1, 2, \cdots, L$，其中 $M(l\Delta t)$ 为干扰调制复包络 $M(t) = \mathrm{e}^{imu_{\mathrm{nel}}(t)}$ 的离散采样。

然后，根据下式的离散傅里叶变换计算调制频率 $F_{\mathrm{r}\varphi} = T_{\mathrm{r}\varphi}^{-1}$ 及其倍频处频谱分量的复幅度：

$$A_n = \frac{1}{L} \sum_{l=1}^{L} X_l \mathrm{e}^{-\mathrm{i}2\pi n F_{\mathrm{r}\varphi} l\Delta t} \tag{5.11}$$

当满足条件 $\Delta t \ll T_{\mathrm{r}\varphi} \ll L\Delta t$（$L\Delta t$ 为有限样本的时长）时，式(5.11)的 A_n 等于区间 $[0, T_{\mathrm{r}\varphi}]$ 内复包络 $M(t)$ 的傅里叶系数 C_n。

图5.4给出了频谱分量的模值与非线性指数 α 的关系，由结果可见，调制律的非线性失真导致调制频率倍频处杂散电平的显著增加。

根据仿真结果可得出下述结论：

首先，出于对相干性的高要求，速度多假信号和拖引干扰通常以转发方式产生，频域欺骗信息多由相位调制引入。

其次，由于系统非线性、调制电压回复过程、相位调制指数偏离 2π 整数倍等因素的存在，干扰转发器输出信号中除了主要的假信号外，还存在可用于干扰鉴别的次生杂散分量。基于转发干扰信号的雷达频谱特征处理，有望识别和剔除欺骗干扰信号。

再次，次生的杂散分量位于相位调制频率 $f_{\mathrm{r}\varphi}$ 的整数倍处[①]，其功率相对干扰主分量的功率水平约在 $-40 \sim 10\mathrm{dB}$。

最后，仿真结果与实验结果的吻合良好，由于考虑了相位调制律的主要参数（相位变化量、回复系数、非线性度），所提出的转发器模型可用来建立干扰频谱特征的统计模型和数据库。

5.2　速度拖引干扰频谱特征的试验研究

在过去的 15~20 年里，研究人员在干扰的坐标特征研究方面开展了大量工作，并研制出了许多基于坐标特征的干扰鉴别方法和设备，但这些设备在应对现代电子干扰系统时的效率低下。

同时也发现，有源欺骗干扰的雷达频谱特征可用于干扰对抗，但在实现干扰鉴别与剔除的过程中，面临的一个主要问题就是干扰频谱特征的先验不确定性，而电子干扰系统的变化则进一步加大了该问题的难度。目前，在公开和内部文献中都尚未发现有关有源欺骗干扰雷达频谱特征的研究，这说明了该领域的高度封闭性以及缺乏雷达频谱特征利用方面的针对性研究。

因此，实验研究的主要方向应包括：

[①] 译者注：为了保持与前文符号的一致性，这里将原著中的 f_{FM} 改为 $f_{\mathrm{r}\varphi}$。

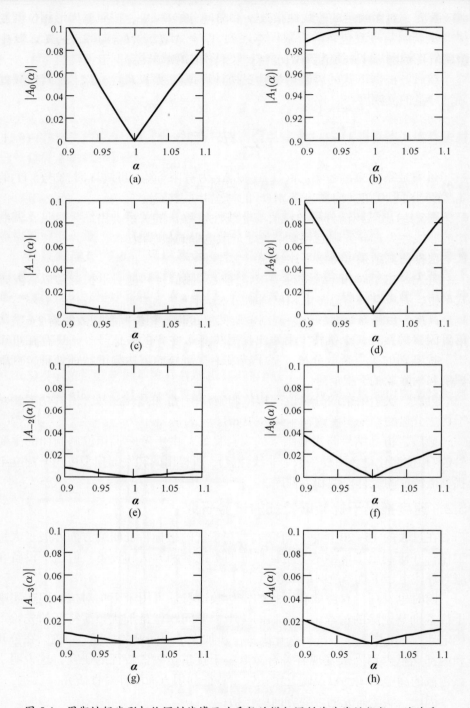

图 5.4   周期性锯齿形相位调制律傅里叶系数的模与调制律非线性指数 α 的关系

(1) 研究有源欺骗干扰的频域和时域特性。

(2) 验证计算和建模的结果。

(3) 构建频谱和坐标特征的数据库，这是一个独立的、多用途的任务。

针对实际电子干扰系统开展详细的实验研究时，将会面临许多技术问题：

(1) 需要假想敌的干扰系统。

(2) 选择被试雷达，它应具有与干扰机相匹配的相干 (或伪相干) 探测信号。

(3) 在配准过程中提供角度和距离的引导支持。

(4) 高质量的配准和数据录取，以便后续的统计处理。

由于缺少假想敌的实际干扰系统，同时考虑到这类系统的构建原理是相通的，因此实验研究中选用了国内的几型干扰系统。本书仅列举一个实际干扰系统释放速度拖引干扰的研究示例。

研究中采用的试验套件包括：某型机载干扰系统和数据录取设备，而数据录取设备又包括 1RL136 雷达收发装置 (波长为 0.03m，采用单频或相位编码的连续波探测信号)、个人电脑 (PC) 和示波器。接收信号的录取分析过程如下：首先对信号的一个正交分量做典型变换，然后馈入标准的 PC 音频控制器；在音频控制器中，信号被转换为 16 bit、采样频率 44.1kHz 的数字信号，随后存入 PC 硬盘；最后利用开发的软件包来研究拖引过程中信号的时间结构与幅频谱。

测试中，将拆卸下来的电子干扰系统置于距雷达 50m 处，雷达采用单频探测信号且整个接收路径无饱和，电子干扰系统侦测雷达信号并产生速度拖引干扰。

图5.5和图5.6给出了采用 FFT 得到的频谱特征示例。分析中采用矩形窗函数且 FFT 点数 $N_{\text{FFT}} = 512$，相干积累数字滤波器的通带宽度等于相邻滤波器的频率间隔，具体为

$$\Delta F_{\text{II}} \cong \frac{1}{T_{\text{ds}} N_{\text{FFT}}} = 86.13\text{Hz}$$

图5.5给出了几个拖引周期，而图5.6则详细展现了一个拖引周期。

为了更好地反映拖引的动态特性与次生杂散分量的时变行为，这里采用滤波器输出端信号幅度的一组切片展现雷达频谱特征，而信号电平则蕴含在样本显示的饱和度中。由于电子干扰系统相对雷达静止，因此真实多普勒频率为零，图中仅显示了多普勒欺骗信号。

从实验研究中可得出以下结论：

首先，在转发的拖引干扰信号中确实存在主分量和因非理想调相引起的次生杂散分量。

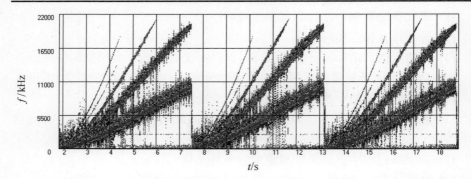

图 5.5　速度拖引干扰的雷达频谱特征 (512 点 FFT、矩形窗函数、1024 个频谱样本)

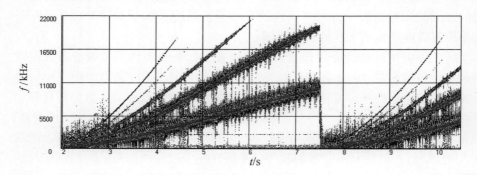

图 5.6　速度拖引干扰的雷达频谱特征 (512 点 FFT、矩形窗函数、512 个频谱样本)

其次，次生分量的频率恰好等于附加的多普勒欺骗频率的整数倍。

最后，拖引干扰与空中目标的雷达频谱特征存在明显的特性差异，可充分利用这些差异进行真目标与欺骗干扰的识别与选择。

5.3　频谱特征统计模型的自适应参数与训练

有源欺骗干扰频谱特征的统计模型由一组复幅度特征的联合概率分布来描述。考虑到众多随机因素 (如坐标测量与干扰参数的误差、地球传播因子、相同型号电子干扰系统的特性差异)，这里暂假设复幅度服从正态分布，此时有源欺骗干扰频谱特征的统计模型可表示为

$$P(\xi_1, \xi_1^*, \cdots, \xi_N, \xi_N^* | \boldsymbol{\theta}_{\mathrm{IP}}) = \frac{1}{\pi^N \det \boldsymbol{R}_{\mathrm{IP}}(\boldsymbol{\theta}_{\mathrm{IP}})} \exp\left[-\boldsymbol{\xi}^* \boldsymbol{Q}_{\mathrm{IP}}(\boldsymbol{\theta}_{\mathrm{IP}}) \boldsymbol{\xi}\right] \tag{5.12}$$

式中：$\boldsymbol{R}_{\mathrm{IP}}(\boldsymbol{\theta}_{\mathrm{IP}}) = [\boldsymbol{R}_{\mathrm{P}}(\boldsymbol{\theta}_{\mathrm{IP}}) + \boldsymbol{R}_0]$ 为复幅度的协方差矩阵；$\boldsymbol{R}_{\mathrm{P}}(\boldsymbol{\theta}_{\mathrm{IP}})$ 为有源欺骗干扰的协方差矩阵，条件于先验未知的干扰参数矢量 $\boldsymbol{\theta}_{\mathrm{IP}}$；$\boldsymbol{R}_0$ 为背景噪声的协方差矩阵；$\boldsymbol{Q}_{\mathrm{IP}}(\boldsymbol{\theta}_{\mathrm{IP}}) = (\boldsymbol{R}_{\mathrm{IP}}(\boldsymbol{\theta}_{\mathrm{IP}}))^{-1}$[①]。

在实验研究与建模仿真的结果支撑下，有充足的可信度来假设雷达特征

---

① 译者注：原著中无 $\boldsymbol{Q}_{\mathrm{IP}}$ 的说明，这里根据上下文做补充说明。

复幅度是不相关的，在此假设下联合概率分布可简化为①

$$P(\boldsymbol{\xi}|\boldsymbol{\theta}_{\mathrm{IP}}) = \frac{1}{\pi^N \det \boldsymbol{R}_{\mathrm{IP}}(\boldsymbol{\theta}_{\mathrm{IP}})} \exp\left(-\sum_{n=1}^{N} \frac{|\xi_n|^2}{2\left(\sigma_{n\mathrm{P}}^2(\boldsymbol{\theta}_{\mathrm{IP}}) + \sigma_{n0}^2\right)}\right) \tag{5.13}$$

模型参数描述的主要问题是确定方差 $\sigma_{n\mathrm{P}}^2(\boldsymbol{\theta}_{\mathrm{IP}})$，其中 $n = 1, 2, \cdots, N$，它条件于 J_{IP} 个先验未知参数构成的矢量 $\boldsymbol{\theta}_{\mathrm{IP}} = [\theta_1, \theta_2, \cdots, \theta_{J_{\mathrm{IP}}}]^{\mathrm{T}}$。

有源欺骗干扰的先验未知参数包括：

(1) 有源欺骗干扰附加的多普勒频率 $\Delta f_{\mathrm{dp}} = f_{\mathrm{ds}} - f_{\mathrm{dp}}$。

(2) 干扰频谱特征的结构。

(3) 在附加多普勒频率 Δf_{dp} 倍频处干扰谱分量的功率值或功率比。

(4) 在拖引周期内拖引起始 (释放时刻) 的时间坐标。

在解决有源欺骗干扰的鉴别与剔除问题时，可按照下面三个主要步骤[89]。

(1) 初始化。在没有干扰的条件下，从检测到目标后开始，通过滤波技术估计目标雷达频谱特征的协方差矩阵。

(2) 训练阶段。在检测到干扰后依次执行下列任务：

    – 干扰检测；

    – 当目标和干扰在距离 (时延) 上分开后，根据整个干扰期内的准平稳离散时间序列来估计干扰雷达频谱特征的协方差矩阵；

    – 在干扰结束后重新验证干扰特征的处理。

(3) 鉴别更新。该步骤包括下列任务：

    – 基于前两步估计的干扰和目标频谱特征的协方差矩阵，在干扰起始时刻采用最大似然估计鉴别和选择干扰；

    – 更新协方差矩阵的最大似然估计；

    – 确定当前干扰周期的拖引起始时刻[39]，用以预测 (外推) 下一个拖引周期的起始时刻 (需要切换至外推模式)。

---

① 译者注：原著下式归一化因子中为 2π 而非 π，这里根据复高斯分布的定义做了修正，本书余同。

第 6 章　检测识别系统特性的综合与分析

6.1　先验不确定性及其缩减方法

　　目标识别 (干扰鉴别) 的可用特征分布在特定的域内，这些域表征了每类目标 (干扰) 的特性，而且通常存在着交叠。雷达识别中采用最多的特征是信号特征和坐标特征，由于多种因素的存在导致这些特征表现出统计属性，因此常用特征元素联合概率分布形式的统计模型来描述。此时，目标 (干扰) 类别信息被封装进特征元素概率分布的类型和参数中，仅当不同类型目标 (干扰) 的分布存在差异时，概率分布中才含有信息，否则不含信息。

　　实际中，目标 (干扰) 识别的大部分信息都包含在分布参数中，本书称这些参数为强信息参数，对于所有可能的目标 (干扰) 状态及其观测条件，其存在域会存在交叠。在解决识别 (鉴别) 问题时，强信息参数的具体值由观测条件和目标 (干扰) 状态决定。目标 (干扰) 状态、目标类别及观测条件可描述为所谓的弱信息参数，它决定了任意观测时刻目标 (干扰) 特征的强信息统计参数。

　　坐标特征的强信息参数包括飞行高度 h_t、绝对速度矢量 V_t、径向加速度 a_t，相应的弱信息参数包括距离 r_t、方位角 $\varphi_{t-\beta}$ 和俯仰角 $\varphi_{t-\varepsilon}$。雷达信号特征的强信息参数是特征协方差矩阵，而其最重要的弱信息参数则包括距离 r_t、姿态角 $\varphi_{t-\beta}$ 和 $\varphi_{t-\varepsilon}$、描述特征协方差矩阵信号分量的相关参数 (如目标和干扰谱分量的稳定重复率) 以及背景的协方差矩阵。因此，坐标特征的部分强信息参数可作为雷达信号特征的弱信息参数。

　　在雷达观测过程中，对弱信息参数的估计会存在误差，而且这些误差通常是动态变化的。在最简单的情形下，可将弱信息参数的最大似然估计直接代入特征统计模型；在更复杂的情形下，可将弱信息参数作为特征统计模型的有机组成部分，采用联合分布来描述。

　　下面来看目标 (干扰) 分类时的先验不确定性。若特征分布的形式和参数未知，则先验是完全不确定的，此时不可能进行识别 (鉴别)。这种情况的发生通常与可辨识的类别较少有关，此时一种方式是设法补全这些缺失的信息，而另一种方式则是阻止识别系统作出错误判决，这可通过标记当前目标 (干扰) 不属于识别列表、向识别系统输入估计的特征信息量并作出"我不认识"的决策来实现。

　　对于一两个类别的统计模型信息缺失问题，可通过不同条件下参数的稳定性分析或者识别系统的在线训练来补全信息。在线训练时首先假设目标 (干扰) 属于一个参数未知的类别，然后通过训练来填补缺失的先验信息，最后可采用多种方式创建一个新的目标 (干扰) 类，例如评估特征中的信息量。

6.2 检测识别系统的结构设计

目前广泛采用的是先检测再识别的方法[2,21-22,25-26,40,42,44,55,58,62,76]，但在许多实际应用中，检测和识别任务是相互关联的，将二者人为分开必然会造成能量损失，而且增加了系统的复杂性。针对这一问题，文献 [78,91,94] 提出了一种新方法，将检测和识别视作雷达探测中的一项任务。

6.2.1 问题描述

假设预处理后可得到特征矢量 $\boldsymbol{\xi} = [\xi_1, \xi_2, \cdots, \xi_N]^T$，对应观测空间中 N 个分辨单元的复幅度。当不存在目标时，$\boldsymbol{\xi} = \boldsymbol{\xi}_f = [\xi_{1(f)}, \xi_{2(f)}, \cdots, \xi_{N(f)}]^T$，信号特征中仅含背景分量；当存在第 k 类 $(k = 1, 2, \cdots, M)$ 目标时，信号特征为目标信号 $\boldsymbol{\xi}_k = [\xi_{1(k)}, \xi_{2(k)}, \cdots, \xi_{N(k)}]^T$ 和背景分量 $\boldsymbol{\xi}_f$ 的叠加，即 $\boldsymbol{\xi} = \boldsymbol{\xi}_f + \boldsymbol{\xi}_k$。

在此先作出如下的合理假设：在有限观测时间内，信号和背景是相互独立的正态平稳随机过程；所有 k 类 $(k = 1, 2, \cdots, M)$ 目标的特征协方差矩阵 $\boldsymbol{R}_k = \overline{\boldsymbol{\xi}_k \boldsymbol{\xi}_k^*}$ 均已知；背景协方差矩阵 $\boldsymbol{R}_f = \overline{\boldsymbol{\xi}_f \boldsymbol{\xi}_f^*}$ 先验未知①。

现需确定检测识别系统的结构并推导其统计特性的计算表达式，在特征处理完成后必须从 $(M + 1)$ 个假设中作出选择："无目标"或者"存在第 k 类目标" $(k = 1, 2, \cdots, M)$。

6.2.2 检测识别系统的结构

检测识别系统的设计可采用自适应贝叶斯方法[62]。此时，采用使平均风险最小的最大似然估计值 $\hat{\boldsymbol{R}}_f$ 替换先验未知的背景协方差矩阵 $\boldsymbol{R}_f$，而一般的检测识别规则可表述为

$$\forall l, k = 0, 1, \cdots, M \text{ 且 } l \neq k, \quad c_k p(\boldsymbol{\xi}|A_k) > c_l p(\boldsymbol{\xi}|A_l) \Longrightarrow A_k^* \tag{6.1}$$

式中：A_k、A_l、A_k^*、A_l^* 分别为第 k 或 l 类目标存在 $(k, l = 1, 2, \cdots, M)$ 或不存在 $(k, l = 0)$ 的条件和判决；c_k、c_l 为根据第 k 或 l 类目标存在与否的概率以及判决正确与否的代价确定的系数，实际中常根据该类目标的虚警概率 F 与检测识别概率 D_k $(k = 1, 2, \cdots, M)$ 之比预先确定；$p(\boldsymbol{\xi}|A_k)$ 为存在第 k 类目标 $(k = 1, 2, \cdots, M)$ 或不存在目标 $(k = 0)$ 下信号特征 $\boldsymbol{\xi}$ 的条件概率密度。

假设雷达信号特征和背景分量分别服从下述复正态分布：

$$p(\boldsymbol{\xi}|A_k) = \frac{1}{\pi^N \det \boldsymbol{R}_{k+f}} \exp[-\boldsymbol{\xi}^* \boldsymbol{Q}_{k+f} \boldsymbol{\xi}], \quad k = 1, 2, \cdots, M$$
$$p(\boldsymbol{\xi}|A_0) = \frac{1}{\pi^N \det \hat{\boldsymbol{R}}_f} \exp[-\boldsymbol{\xi}^* \hat{\boldsymbol{Q}}_f \boldsymbol{\xi}], \qquad k = 0 \tag{6.2}$$

---

① 译者注：这里的 $\overline{[*]}$ 算子表示对随机变量 $*$ 求期望平均，符号 $*$ 表示共轭转置。

式中：$\hat{\boldsymbol{Q}}_f = \hat{\boldsymbol{R}}_f^{-1}$；$\boldsymbol{R}_{k+f} = \boldsymbol{R}_k + \hat{\boldsymbol{R}}_f$，$\boldsymbol{Q}_{k+f} = \boldsymbol{R}_{k+f}^{-1}$；$\det \boldsymbol{R}_{k+f}$ 和 $\det \hat{\boldsymbol{R}}_f$ 分别为 $\boldsymbol{R}_{k+f}$ 和 $\hat{\boldsymbol{R}}_f$ 的行列式。

为了得到易于实现的检测识别算法，将式(6.2)代入式(6.1)，然后不等式两边同除以 $p(\boldsymbol{\xi}|A_0)$ 并取对数，则可得到下述判决规则：

$$\forall l, k = 0, 1, \cdots, M \text{ 且 } l \neq k, \quad z_k > z_l \Longrightarrow A_k^* \tag{6.3}$$

式(6.3)的判决规则中，z_k(或 z_l) 为检测识别系统第 k(或 l) 通道依下述算法对信号特征 $\boldsymbol{\xi}$ 的处理结果：

$$z_k = L_k + \boldsymbol{\xi}^* \boldsymbol{R}^{k0} \boldsymbol{\xi} \tag{6.4}$$

式中：$L_k = \left(\ln(\det \hat{\boldsymbol{R}}_f / \det \boldsymbol{R}_{k+f}) + \ln c_k \right)$ 为第 k 通道的偏移量；$z_0 = \ln c_0$ 为检测门限；$\boldsymbol{R}^{k0} = (\hat{\boldsymbol{Q}}_f - \boldsymbol{Q}_{k+f})$ 为第 k 通道的特征处理矩阵。

特征处理矩阵 $\boldsymbol{R}^{k0}$ 可以表示为不同的形式，例如表示为两个因子的乘积 $\boldsymbol{R}^{k0} = \boldsymbol{R}_{\mathrm{II}}^{k0} \boldsymbol{R}_{\mathrm{I}}$。根据这种表示可将特征处理分为两步：第一步计算因子 $\boldsymbol{R}_{\mathrm{I}} = \hat{\boldsymbol{Q}}_f$；第二步计算因子 $\boldsymbol{R}_{\mathrm{II}} = \left[\boldsymbol{E} + (\hat{\boldsymbol{Q}}_f \boldsymbol{R}_k)^{-1} \right]^{-1}$。基于矩阵 $\boldsymbol{R}^{k0}$ 的这种表示形式，式(6.4)可重新表示为

$$z_k = L_k + \boldsymbol{\xi}^* \left[\boldsymbol{E} + (\hat{\boldsymbol{Q}}_f \boldsymbol{R}_k)^{-1} \right]^{-1} \hat{\boldsymbol{Q}}_f \boldsymbol{\xi} \tag{6.5}$$

式(6.5)表示的检测识别系统具有两步处理架构。

以式(6.4)作为各通道处理算法、式(6.3)作为判决规则的检测识别系统框图如图6.1所示。

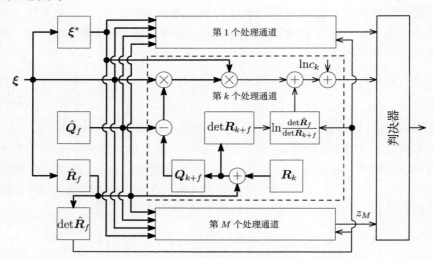

图 6.1　检测识别系统架构

上述检测识别系统[36-38] 基于 M 个并行通道计算特征元素及偏置的加权

和，并将所求之和彼此间比较和与门限 z_0 比较。若 z_k $(k = 1, 2, \cdots, M)$ 中有一个超过门限 z_0，则作出目标存在的判决并将最大值通道对应的类别作为目标类别。两步处理架构的系统更有效，因为它提供了最小的背景适应误差，且在必要时也可适应特征信号的先验未知参数。

本节提出的方法使设计各类最优和次优识别系统[86] 或检测识别系统变得非常简单。为了分析对比它们的性能，还需要检测识别统计特性的计算方法。

6.3　检测识别的性能指标

表6.1为 M 类目标检测识别问题条件概率的全矩阵表示，表中：主对角线元素为正确判决的条件概率，包括无虚警概率 D_0 和每类目标的正确检测识别概率 D_k $(k = 1, 2, \cdots, M)$；主对角线之外的元素为错误判决的条件概率，包括每类目标的虚警概率 $F_{k|0}$ $(k = 1, 2, \cdots, M)$、漏报概率 $F_{0|k}$ $(k = 1, 2, \cdots, M)$ 以及正确检测但错误识别的概率 $F_{k|g}$ $(k, g = 1, 2, \cdots, M$ 且 $g \neq k)$。

表 6.1　检测识别的性能指标

判决 \ 条件	A_0	A_1	$\cdots$	A_k	$\cdots$	A_M
A_0^*	D_0	$F_{0|1}$	$\cdots$	$F_{0|k}$	$\cdots$	$F_{0|M}$
A_1^*	$F_{1|0}$	D_1	$\cdots$	$F_{1|k}$	$\cdots$	$F_{1|M}$
$\vdots$	$\vdots$	$\vdots$		$\vdots$	$\ddots$	$\vdots$
A_k^*	$F_{k|0}$	$F_{k|1}$	$\cdots$	D_k	$\cdots$	$F_{k|M}$
$\vdots$	$\vdots$	$\vdots$		$\vdots$	$\ddots$	$\vdots$
A_M^*	$F_{M|0}$	$F_{M|1}$	$\cdots$	$F_{M|k}$	$\cdots$	D_M

表6.1列出的性能指标比现有的检测识别指标更为通用[58,62,76]，能够更全面地描述雷达观测的全过程。在检测识别系统设计时，了解所有正确及错误判决的条件概率非常重要。但在某些情形下，使用一般性指标更加方便。因此，可通过下面的求和式得到扩展的虚警概率：

$$F = \sum_{k=1}^{M} F_{k|0}, \quad k = 1, 2, \cdots, M \tag{6.6}$$

而且，还可导出一种新的平均性能指标：第 k 类目标正确检测–错误识别的条件概率为

$$F_k = \frac{1}{M-1} \sum_{g=1, g \neq k}^{M} F_{k|g} \tag{6.7}$$

6.4　检测识别指标的计算方法

通过类比文献 [58] 中的识别指标，这里引入通道间差异性的辅助变量 $z_{kl} = z_k - z_l$ $(k, l = 1, 2, \cdots, M, l \neq k)$，则任意的检测识别性能指标[51,93] 均可退化为条件概率 $P(A_k^*|A_g) = P(z_{k0|g} > 0, \cdots, z_{kl|g} > 0, \cdots, z_{kM|g} > 0)$ 的计算，其中 $z_{kl|g}$ 为第 g 类目标存在时的随机变量 z_{kl}。

应注意的是，随机变量 $z_{kp|g}$ 和 $z_{ks|g}$ $(p, s = 1, 2, \cdots, M$ 且 $p \neq s)$ 通常是相关的[33-34]，但分析表明，其相关性随元素数目 N 和不同类别间差异性的增加而减小。因此，条件概率 $P(A_k^*|A_g)$ 可通过下面的近似算式得到

$$P(A_k^*|A_g) \cong \prod_{l=1,l \neq k}^{M} P(z_{kl|g} > 0) = \prod_{l=1,l \neq k}^{M} \int_0^{\infty} p(z_{kl|g}) \mathrm{d}z_{kl|g} \tag{6.8}$$

式中：$p(z_{kl|g})$ 为随机变量 $z_{kl|g}$ 的概率密度。

根据式(6.4)，则可将随机变量 $z_{kl|g}$ 表示为

$$z_{kl|g} = L_{kl} + \sum_{m,n=1}^{N} R_{mn}^{kl} \xi_m^* \xi_n$$

式中：$L_{kl} = \left(\ln(\det \boldsymbol{R}_{l+f} / \det \boldsymbol{R}_{k+f}) + \ln(c_k/c_l) \right)$；$R_{mn}^{kl} = R_{mn}^{k0} - R_{mn}^{l0}$、$R_{mn}^{k0}$、$R_{mn}^{l0}$ 分别为矩阵 $\boldsymbol{R}^{kl} = \boldsymbol{R}^{k0} - \boldsymbol{R}^{l0}$、$\boldsymbol{R}^{k0}$、$\boldsymbol{R}^{l0}$ 的元素。

由此可见，随机变量 $z_{kl|g}$ 是 N 个正态分布特征元素 $\xi_1, \xi_2, \cdots, \xi_N$ 的二次函数 (含固定偏置 L_{kl}①)，其分布律与无偏量 $y_{kl|g} = z_{kl|g} - L_{kl}$ 相似，而 $y_{kl|g}$ 的分布律众所周知[61]，这里根据当前符号将其表示为

$$p(y_{kl|g}) = \pm \sum_{j \in N^\pm} \sideset{}{'}\sum_{\substack{p,p_1,\cdots,p_m=0 \\ p+p_1+\cdots+p_m=k_j-1}}^{k_j-1} \frac{(y_{kl|g})^p \mathrm{e}^{-\frac{y_{kl|g}}{\lambda_j}}}{p!} \lambda_j^{-k_j} \cdot$$
$$\prod_{i=1}^{m}{}' \binom{k_i + p_i - 1}{p_i} \frac{(-\lambda_i)^{p_i} \lambda_j^{k_i + p_i}}{(\lambda_j - \lambda_i)^{k_i + p_i}} \tag{6.9}$$

式中：λ_j 为矩阵 $\chi^{kl|g} = \boldsymbol{R}_{g+f} \boldsymbol{R}^{kl}$ 的特征值；等式右边最前面及符号 N 的正负号分别表示密度表达式自变量为正和负的情形；求和符号与乘积符号后的 $(')$ 分别表示 p_j 和 $i = j$ 的因子不参与求和或求积；第二个求和符号 $\sum$ 是对满足关系 $(p + p_1 + \cdots + p_m) = (k_j - 1)$ 的索引 $p, p_1, \cdots, p_m$ 的所有可能组合求和，其中每个索引从 0 到 $k_j - 1$；k_j 为特征值 λ_j $(j = 1, 2, \cdots, m)$ 的重数；m 为不同特征值的数目；N^+、N^- 分别为正特征值和负特征值的数目。

---

① 译者注：对于非平稳背景，$\hat{\boldsymbol{R}}_0$ 的变化使得偏置量不固定，但在短时平稳假设下可认为偏置固定。

当 $N \leqslant 3$ 时，特征值 λ_j 可通过简单的解析表达式给出；当 $N > 3$ 时，特征值可通过计算机求解特征方程 $\det(\chi^{kl|g} - \lambda E) = 0$ 得到[22]。

将式(6.9)代入式(6.8)后积分并结合式(6.6)和式(6.7)，可得到正确检测识别概率 D_k、正确检测–错误识别概率 F_k 和虚警概率 F 的表达式①：

$$
D_k = \begin{cases}
\displaystyle\prod_{\substack{l=0 \\ l \neq k}}^{M} \left[\sum_{j \in N^+} \sideset{}{'}\sum_{\substack{p,p_1,\cdots,p_m=0 \\ p+p_1+\cdots+p_m=k_j-1}}^{k_j-1} \sum_{p_0=0}^{p} \frac{(-L_{kl})^{p_0} e^{L_{kl}/\lambda_j}}{p_0!} \lambda_j^{-k_j+p-p_0+1} \cdot \right. \\
\qquad \left. \prod_{i=1}^{m} \left.'\binom{k_i+p_i-1}{p_i}\right. \frac{(-\lambda_i)^{p_i}\lambda_j^{k_i+p_i}}{(\lambda_j-\lambda_i)^{k_i+p_i}} \right], \quad L_{kl} < 0 \\[4mm]
\displaystyle\prod_{\substack{l=0 \\ l \neq k}}^{M} \left[\sum_{j \in N^-} \sideset{}{'}\sum_{\substack{p,p_1,\cdots,p_m=0 \\ p+p_1+\cdots+p_m=k_j-1}}^{k_j-1} \left(p!\lambda_j - e^{L_{kl}/\lambda_j} \left(\sum_{p_0=0}^{p} (-1)^{p_0} \binom{p}{p-p_0} \cdot \right. \right. \right. \\
\qquad \left. \left. \left. \lambda_j^{p_0+1}(-L_{kl})^{p-p_0} \right) \right) \cdot \lambda_j^{-k_j} \prod_{i=1}^{m} \left.'\binom{k_i+p_i-1}{p!}\right. \frac{(-\lambda_i)^{p_i}\lambda_j^{k_i+p_i}}{(\lambda_j-\lambda_i)^{k_i+p_i}} + \right. \\
\qquad \left. \sum_{j \in N^+} \sideset{}{'}\sum_{\substack{p,p_1,\cdots,p_m=0 \\ p+p_1+\cdots+p_m=k_j-1}}^{k_j-1} \lambda_j^{-k_j+p+1} \prod_{i=1}^{m} \left.'\binom{k_i+p_i-1}{p_i}\right. \frac{(-\lambda_i)^{p_i}\lambda_j^{k_i+p_i}}{(\lambda_j-\lambda_i)^{k_i+p_i}} \right], \\
\qquad L_{kl} > 0
\end{cases}
$$

式中：λ_j 为矩阵 $\chi^{kl|k} = R_{k+f}R^{kl}$ 的特征值；$k, l = 1, 2, \cdots, M$ 且 $l \neq k$。

$$
F_k = \begin{cases}
\displaystyle\frac{1}{M-1} \sum_{\substack{g=1 \\ g \neq k}}^{M} \prod_{\substack{l=1 \\ l \neq k}}^{M} \left[\sum_{j \in N^+} \sideset{}{'}\sum_{\substack{p,p_1,\cdots,p_m=0 \\ p+p_1+\cdots+p_m=k_j-1}}^{k_j-1} \sum_{p_0=0}^{p} \frac{(-L_{kl})^{p_0} e^{L_{kl}/\lambda_j}}{p_0!} \cdot \right. \\
\qquad \left. \lambda_j^{-k_j+p-p_0+1} \prod_{i=1}^{m} \left.'\binom{k_i+p_i-1}{p_i}\right. \frac{(-\lambda_i)^{p_i}\lambda_j^{k_i+p_i}}{(\lambda_j-\lambda_i)^{k_i+p_i}} \right], \quad L_{kl} < 0 \\[4mm]
\displaystyle\frac{1}{M-1} \sum_{\substack{g=1 \\ g \neq k}}^{M} \prod_{\substack{l=1 \\ l \neq k}}^{M} \left[\sum_{j \in N^-} \sideset{}{'}\sum_{\substack{p,p_1,\cdots,p_m=0 \\ p+p_1+\cdots+p_m=k_j-1}}^{k_j-1} \left(p!\lambda_j - e^{L_{kl}/\lambda_j} \left(\sum_{p_0=0}^{p} (-1)^{p_0} \cdot \right. \right. \right. \\
\qquad \left. \left. \left. \binom{p}{p-p_0}\lambda_j^{p_0+1}(-L_{kl})^{p-p_0} \right) \right) \lambda_j^{-k_j} \prod_{i=1}^{m} \left.'\binom{k_i+p_i-1}{p_i}\right. \frac{(-\lambda_i)^{p_i}\lambda_j^{k_i+p_i}}{(\lambda_j-\lambda_i)^{k_i+p_i}} + \right. \\
\qquad \left. \sum_{\substack{j \in N^+ \\ p+p_1+\cdots+p_m=k_j-1}} \sideset{}{'}\sum_{\substack{p,p_1,\cdots,p_m=0}}^{k_j-1} \lambda_j^{-k_j+p+1} \prod_{i=1}^{m} \left.'\binom{k_i+p_i-1}{p_i}\right. \frac{(-\lambda_i)^{p_i}\lambda_j^{k_i+p_i}}{(\lambda_j-\lambda_i)^{k_i+p_i}} \right], \\
\qquad L_{kl} > 0
\end{cases}
$$

---

① 译者注：原著 $L_{kl} < 0$ 时的表达式中丢失了括号，另外，F 的表达式中遗失了因子 $(-1)^{p_0}$，这里均已修正。

式中：λ_j 是矩阵 $\boldsymbol{\chi}^{kl|g} = \boldsymbol{R}_{g+f}\boldsymbol{R}^{kl}$ 的特征值；$k, g, l = 1, 2, \cdots, M$ 且 $l, g \neq k$。

$$
F = \begin{cases}
\sum\limits_{\substack{k=1}}^{M} \prod\limits_{\substack{l=1 \\ l \neq k}}^{M} \left[\sum\limits_{j \in N^+} \sideset{}{'}\sum\limits_{\substack{p, p_1, \cdots, p_m=0 \\ p+p_1+\cdots+p_m=k_j-1}}^{k_j-1} \sum\limits_{p_0=0}^{p} \frac{(-L_{kl})^{p_0} e^{L_{kl}/\lambda_j}}{p_0!} \lambda_j^{-k_j+p-p_0+1} \cdot \right. \\
\qquad \left. \prod\limits_{i=1}^{m} {}' \binom{k_i+p_i-1}{p_i} \frac{(-\lambda_i)^{p_i}\lambda_j^{k_i+p_i}}{(\lambda_j-\lambda_i)^{k_i+p_i}} \right], \quad L_{kl} < 0 \\[2em]
\sum\limits_{\substack{k=1}}^{M} \prod\limits_{\substack{l=1 \\ l \neq k}}^{M} \left[\sum\limits_{j \in N^-} \sideset{}{'}\sum\limits_{\substack{p, p_1, \cdots, p_m=0 \\ p+p_1+\cdots+p_m=k_j-1}}^{k_j-1} \left(p!\lambda_j - e^{L_{kl}/\lambda_j} \left(\sum\limits_{p_0=0}^{p} (-1)^{p_0} \cdot \right. \right. \right. \\
\qquad \left. \left. \binom{p}{p-p_0} \lambda_j^{p_0+1}(-L_{kl})^{p-p_0} \right) \right) \lambda_j^{-k_j} \prod\limits_{i=1}^{m} {}' \binom{k_i+p_i-1}{p_i} \frac{(-\lambda_i)^{p_i}\lambda_j^{k_i+p_i}}{(\lambda_j-\lambda_i)^{k_i+p_i}} + \\
\qquad \sum\limits_{j \in N^+} \sideset{}{'}\sum\limits_{\substack{p, p_1, \cdots, p_m=0 \\ p+p_1+\cdots+p_m=k_j-1}}^{k_j-1} \lambda_j^{-k_j+p+1} \prod\limits_{i=1}^{m} {}' \binom{k_i+p_i-1}{p_i} \frac{(-\lambda_i)^{p_i}\lambda_j^{k_i+p_i}}{(\lambda_j-\lambda_i)^{k_i+p_i}} \right], \\
\qquad L_{kl} > 0
\end{cases}
$$

式中：λ_j 是矩阵 $\boldsymbol{\chi}^{0l|0} = \boldsymbol{R}_f \boldsymbol{R}^{0l}$ 的特征值；$l = 1, 2, \cdots, M$ 且 $l \neq k$。

本章可小结如下：

(1) 提出了一种新的检测识别系统架构，并给出了相应的特性分析方法。

(2) 与已有技术[58,62,76] 相比，本章的方法更为通用，它适用于元素数目和相关性皆任意的信号特征，且可用于分析计算联合或独立检测识别系统的统计特性。

(3) 由最终的表达式可知，检测识别性能取决于目标和背景的特征协方差矩阵 $\boldsymbol{R}_k$ 和 $\boldsymbol{R}_f$、处理矩阵 $\boldsymbol{R}^{kl}$、检测门限 z_0 和偏置量 L_{kl}(可通过系数 c_k 和 c_l 来调节)。

第 7 章　非相关特征信号的次优快速处理算法

7.1　问题描述

　　雷达信号特征通常可视作列矢量形式的复幅度 $\boldsymbol{\xi} = [\xi_1, \xi_2, \cdots, \xi_N]^T$ (N 为元素数目),它由观测空间中 N 个分辨单元的目标回波 $\boldsymbol{\xi}_g = [\xi_{1g}, \xi_{2g}, \cdots, \xi_{Ng}]^T$ 和背景噪声 $\boldsymbol{\xi}_f = [\xi_{1f}, \xi_{2f}, \cdots, \xi_{Nf}]^T$ 叠加而成,其中,$g = 1, 2, \cdots, M$ 为目标的类别标记,M 为可识别的目标类型数。通常,可将目标信号和背景描述为零均值的复正态平稳随机过程。当存在第 g 类 ($g = 1, 2, \cdots, M$) 目标时,雷达信号特征的协方差矩阵 $\boldsymbol{R}_{g+f} = \boldsymbol{R}_g + \boldsymbol{R}_f$,为目标协方差矩阵 $\boldsymbol{R}_g = \overline{\boldsymbol{\xi}_g \boldsymbol{\xi}_g^*}$ 和背景协方差矩阵 $\boldsymbol{R}_f = \overline{\boldsymbol{\xi}_f \boldsymbol{\xi}_f^*}$[①] 之和,其中 * 表示共轭转置。当特征元素任意相关时,矩阵 $\boldsymbol{R}_g$ 的元素 $R_{mn}^g = 2\sigma_{ng}\sigma_{mg}r_{mn}^g \exp(\mathrm{i}\varphi_{mn}^g)$ ($n, m = 1, 2, \cdots, N$),由均方根 σ_{ng} 和 σ_{mg}、相关系数 r_{nm}^g 以及复幅度 ξ_{ng} 和 ξ_{mg} 的平均相位差 φ_{nm}^g 决定。当各单元的目标和背景互不相关时,矩阵 $\boldsymbol{R}_{g+f}$ 的元素:当 $m \neq n$ 时,$R_{mn}^{g+f} = 0$;当 $m = n$ 时,$R_{nn}^{g+f} = 2(\sigma_{ng}^2 + \sigma_{nf}^2)$,其中 σ_{ng}^2 和 σ_{nf}^2 分别为特征单元 n 内目标信号和背景的方差。

　　基于自适应贝叶斯方法的雷达检测识别系统[62] 涉及输入信号特征二次泛函的计算与比较。通过计算各类目标信号特征 $\boldsymbol{\xi}_l + \boldsymbol{\xi}_f$ ($l = 1, 2, \cdots, M$) 与背景 $\boldsymbol{\xi}_f$ 的复正态概率密度并取对数,可轻松得到非相关特征信号的 M 通道最优处理算法,其中,第 l 通道的最优贝叶斯处理可表示为

$$Z_{l0} = a_l + \sum_{n=1}^{N} |\xi_n|^2 R_{nn}^{l0}, \quad l = 1, 2, \cdots, M \tag{7.1}$$

式中:第 n 个特征元素的权系数 R_{nn}^{l0} 和偏置 a_l 定义为

$$R_{nn}^{l0} = \frac{\sigma_{nl}^2}{2\sigma_{nf}^2(\sigma_{nl}^2 + \sigma_{nf}^2)} = \frac{1}{2\sigma_{nf}^2}\frac{\mu_{nl}}{\mu_{nl} + 1} \tag{7.2}$$

$$a_l = \sum_{n=1}^{N} \ln \frac{\sigma_{nf}^2}{(\sigma_{nl}^2 + \sigma_{nf}^2)} = \ln \prod_{n=1}^{N} \frac{1}{\mu_{nl} + 1} \tag{7.3}$$

式中:$\mu_{nl} = \sigma_{nl}^2/\sigma_{nf}^2$ 为 l 通道内第 n 个特征元素的信噪比 (目标与背景功率之比)。此时,联合检测识别系统的判决规则可表示为

$$\forall l, k = 1, 2, \cdots, M \text{ 且 } l \neq k, \quad Z_{k0} \geqslant Z_{l0} \Longrightarrow A_k^* \tag{7.4}$$

---

① 译者注:这里的 [*] 算子表示对随机变量 * 求期望平均。

式中：A_k 和 A_k^* 分别为第 k 类目标存在的条件及判决[①]。

上述非相关雷达特征最优处理算法的主要缺点是：根据式(7.2)和式(7.3)计算权系数和偏置时的复杂度随特征元素数目的增加而增长，同时存在大量的乘法操作。此外，检测识别系统还要能适应待识别目标的观测条件，即适应背景方差 σ_{nf}^2 和参考信号方差 σ_{nl}^2 的变化，其中：$n = 1, 2, \cdots, N$；$l = 1, 2, \cdots, M$。为了保证最优检测识别系统的实时性，需要高速计算工具，但实际中通常难以提供，因此需要开发次优处理算法。

与最优处理算法相比，次优算法的识别性能虽略有下降，但通过简化权系数和偏置的表示可大幅提高计算性能。下面介绍次优处理算法的设计，有关该问题详见文献 [86]。

7.2 次优算法设计

7.2.1 偏置开关法

由式(7.2)可知：当 $\mu_{nl} \gg 1$ 时，$R_{nn}^{l0} \cong 1/(2\sigma_{nf}^2)$；反之，当 $\mu_{nl} \ll 1$ 时，$R_{nn}^{l0} \cong 0$。假设雷达信号特征为均匀背景，即 $\sigma_{nf}^2 = \sigma_f^2$，则式(7.1)可简化为

$$Z_{l0} = a_l + \frac{1}{2\sigma_f^2} \sum_{n=1}^{N} |\xi_n|^2 B_n^{l0}, \quad l = 1, 2, \cdots, M \tag{7.5}$$

式中：B_n^{l0} 为权系数，$\mu_{nl} \gg 1$ 时 $B_n^{l0} = 1$，而 $\mu_{nl} \ll 1$ 时 $B_n^{l0} = 0$。

这样便得到权系数的一种新的定性表示，该表示将原来的特征加权操作转化为开关操作，从而大大简化了特征处理算法。考虑到引入的极限转换特性，偏置 a_l 的计算也得以简化，对应的检测识别系统判决规则同式(7.4)。

7.2.2 最小偏差法

最小偏差法主要基于非相关信号 $|\xi_n|^2$ （$n = 1, 2, \cdots, N$，来自功率检波器的输出）相对参考均值 $\overline{|\xi_n|^2} = 2(\sigma_{nl}^2 + \sigma_{nf}^2)$ （$n = 1, 2, \cdots, N$；$l = 1, 2, \cdots, M$）的偏差分析。此时可形成多种版本的特征处理算法。

最小相对方差法：

$$Z_{l0} = \sum_{n=1}^{N} \left(\frac{|\xi_n|^2 - 2(\sigma_{nl}^2 + \sigma_{nf}^2)}{2(\sigma_{nl}^2 + \sigma_{nf}^2)} \right)^2, \quad l = 1, 2, \cdots, M \tag{7.6}$$

最小方差法：

$$Z_{l0} = \sum_{n=1}^{N} \left(|\xi_n|^2 - 2(\sigma_{nl}^2 + \sigma_{nf}^2) \right)^2, \quad l = 1, 2, \cdots, M \tag{7.7}$$

---

① 译者注：关于该内容的详细说明及推导可参考6.2.2节。

最小相对偏差法：

$$Z_{l0} = \sum_{n=1}^{N} \left| \frac{|\xi_n|^2 - 2(\sigma_{nl}^2 + \sigma_{nf}^2)}{2(\sigma_{nl}^2 + \sigma_{nf}^2)} \right|, \quad l = 1, 2, \cdots, M \qquad (7.8)$$

最小绝对偏差法：

$$Z_{l0} = \sum_{n=1}^{N} \left| |\xi_n|^2 - 2(\sigma_{nl}^2 + \sigma_{nf}^2) \right|, \quad l = 1, 2, \cdots, M \qquad (7.9)$$

上述方法的判决规则均基于假设"随机变量相对于均值的偏差最小"，判决规则的形式如下：

$$\forall l, k = 1, 2, \cdots, M, \text{且} l \neq k, \quad Z_{k0} \leqslant Z_{l0} \Longrightarrow A_k^* \qquad (7.10)$$

在低信噪比条件下，基于归一化的式(7.6)和式(7.8)相对式(7.7)和式(7.9)具有更好的识别性能，但因涉及除法操作，会显著降低处理速度。

需要指出的是，由于复幅度 ξ_{ng} 服从复正态分布，其模值 $|\xi_{ng}|$ 服从期望为 $\overline{|\xi_{ng}|} = \sqrt{\pi(\sigma_{ng}^2 + \sigma_f^2)/2}$ 的瑞利分布，因此可用下列算法处理线性检波器输出的非相关特征信号：

$$Z_{l0} = \sum_{n=1}^{N} \left(|\xi_n| - \sqrt{\frac{\pi}{2}(\sigma_{nl}^2 + \sigma_{nf}^2)} \right)^2, \quad l = 1, 2, \cdots, M \qquad (7.11)$$

$$Z_{l0} = \sum_{n=1}^{N} \left| |\xi_n| - \sqrt{\frac{\pi}{2}(\sigma_{nl}^2 + \sigma_{nf}^2)} \right|, \quad l = 1, 2, \cdots, M \qquad (7.12)$$

基于上述算法的检测识别系统判决规则同式(7.10)。

7.2.3 多水平量化处理法

量化处理算法在最优算法的基础上采用 J 个等间隔增长的门限电平 $(\lambda_j, j = 1, 2, \cdots, J)$ 将雷达信号特征 $|\xi_n|^2$ $(n = 1, 2, \cdots, N)$ 量化为离散值。经转换后，第 j 个门限判决器输出的雷达特征切片 η_{jn} $(n = 1, 2, \cdots, N)$ 可表示为逻辑 1 (若 $|\xi_n|^2 \geqslant \lambda_j$，则 $\eta_{jn} = 1$) 或逻辑 0 (若 $|\xi_n|^2 < \lambda_j$，则 $\eta_{jn} = 0$)。同理，也可对检测识别系统的模板做离散近似，例如，第 l 类目标模板的离散近似包含 J 个切片，而第 j 个切片 β_{jnl} $(n = 1, 2, \cdots, N)$ 为一组逻辑 1 (若 $2[\sigma_{nl}^2 + \sigma_{nf}^2] \geqslant \lambda_j$，则 $\beta_{jnl} = 1$) 或 0 (若 $2[\sigma_{nl}^2 + \sigma_{nf}^2] < \lambda_j$，则 $\beta_{jnl} = 1$)。

对于任意的通道 l $(l = 1, 2, \cdots, M)$，首先逐切片比对所得雷达信号特征的离散近似值 η_{jn} $(j = 1, 2, \cdots, J; n = 1, 2, \cdots, N)$ 与模板的离散值，具体的

比对算法为[①]

$$S_{jl} = \sum_{n=1}^{N} \left[(\eta_{jn} \wedge \beta_{jnl}) \vee (\neg \eta_{jn} \wedge \neg \beta_{jnl}) \right] \tag{7.13}$$

式中：$\wedge$ 为逻辑乘法；$\neg$ 为逻辑取反；$\vee$ 为逻辑求和。

然后计算各通道切片比对结果之和 $S_l = \sum_{j=1}^{J} S_{jl}$。相应的检测识别系统判决规则可表示为

$$\forall l, k = 1, 2, \cdots, M \text{ 且 } l \neq k, \quad S_k \geqslant S_l \Longrightarrow A_k^*$$

当仅有一个量化电平 ($J = 1$) 时，该算法可获得最大程度的简化。由于多水平量化的处理过程可以并行化，因此该算法具有简单、快速的特点，而其识别性能随着门限电平数目的增加而增长。

7.3   雷达特征处理算法的对比分析

本节分析比较检测识别系统性能的主要统计特性[51,58]，即正确识别概率 $D_k = P(A_k^*|A_k)$ ($k = 1, 2, \cdots, M$) 与信噪比的关系。正确识别概率 D_k 可通过特征信号的统计建模及前面所述的处理算法估计得到。

本节所用特征信号为雷达频谱特征，它是多个多普勒频率分辨单元内的一组复幅度 ξ_n ($n = 1, 2, \cdots, N$)，其特性源于目标结构部件的相对位移或振动。待识别的目标类型包括以下几种。

(1) 目标编号 $k = 1$：YAK40 型涡喷飞机。

(2) 目标编号 $k = 2$：AN-26 型涡桨飞机。

(3) 目标编号 $k = 3$：采用固体发动机的飞行器。

第 1、2 类目标频谱特征的参考功率 σ_{nk}^2 ($n = 1, 2, \cdots, 60$；$k = 1, 2$) 如图7.1所示[②]。图中的多普勒分辨率为 250Hz，所用探测信号的波长为 0.03m，功率为标准单位。对于第 3 类目标，除第 25 号单元的功率 $\sigma_{25,3}^2 = 47$ 外，其他频谱单元的功率均为零。本例中，三个目标具有相同的径向速度，机体回波能量主要集中在第 25 号分辨单元；考虑均匀白噪声背景，即 $\sigma_{nf}^2 = \sigma_f^2$。

为了对比分析，这里选用如下算法：算法 1 为式(7.1)的最优算法；算法 2 为式(7.12)复幅度模值的最小绝对偏差法；算法 3 为式(7.7)的最小方差法；算法 4 为四门限的多水平处理法。这些算法对三类目标的正确识别概率 D_k ($k = 1, 2, 3$) 与噪声功率的关系如图7.2所示。

正确识别概率与信噪比关系的分析结果表明：次优算法在高信噪比下的正确识别概率接近 1，当信噪比下降时，算法 2 和算法 3 的性能最接近最优

---

① 译者注：原著中的逻辑乘法和取反符号分别为 & 和 —，为了与标准逻辑符号兼容并区分于本书中已采用的求期望操作，这里分别对符号做了调整。

② 译者注：频谱特征的参考功率即目标的频率模板。

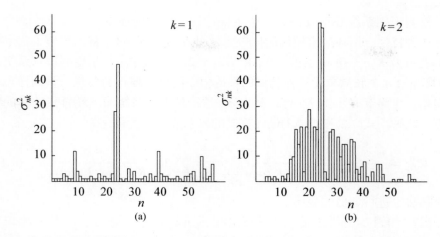

图 7.1　目标频谱特征的参考方差：(a) YAK-40 型涡喷飞机；(b) AN-26 型涡桨飞机。

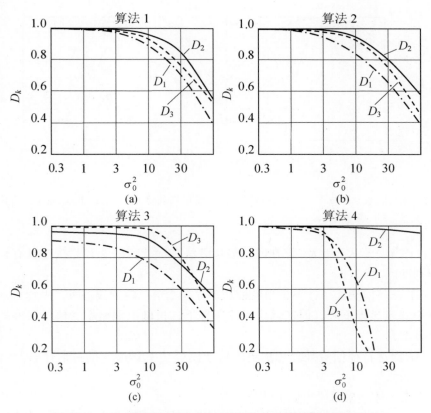

图 7.2　不同算法的目标正确识别概率随噪声功率的变化关系

算法。

检测识别系统必须具备的一个重要特性就是对模板误差的适应性。为了验证这种特性，给各通道模板的信号分量引入误差因子 K_s 从而将模板信号的功率表示为 $K_s\sigma_{nl}^2$ ($n = 1, 2, \cdots, 60$; $l = 1, 2, 3$)，其中 σ_{nl}^2 是检测识别系统第 l 类目标第 n 个频谱单元目标功率的精确值。同理，模板的背景分量同样会存在误差，可将其表示为 $K_f\sigma_f^2$，其中 σ_f^2 是检测识别系统输入端背景功率的精确值。此时，式(7.2)和式(7.3)最优算法的权系数和偏置可化为

$$R_{nn}^{l0} = \frac{K_s\sigma_{nl}^2}{2K_f\sigma_f^2(K_s\sigma_{nl}^2 + K_f\sigma_f^2)}, \quad a_l = \sum_{n=1}^{N} \ln\frac{K_f\sigma_f^2}{(K_s\sigma_{nl}^2 + K_f\sigma_f^2)} \quad (7.14)$$

其他算法也进行类似的变换。

图7.3和图7.4分别给出了几种算法在不同背景功率 σ_f^2 下的平均正确识别概率 $D_{\text{sr}} = (D_1 + D_2 + D_3)/3$ 与误差因子 K_s 和 K_f 的关系。结果表明：

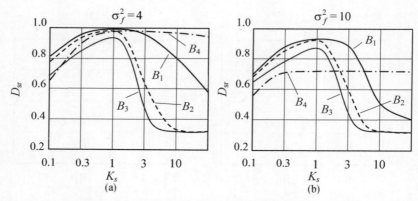

图 7.3　平均正确识别概率与雷达特征信号先验模板误差的关系：B1-算法 1、B2-算法 2、B3-算法 3、B4-算法 4。

(1) 当误差 K_s 和 K_f 存在时，最优算法和次优算法 2 和算法 3 具有较好的识别性能。

(2) 在高信噪比条件下，当模板功率存在 2 倍以内的误差时，平均正确识别概率并未显著下降，但在低信噪比条件下，正确识别概率受模板误差的影响显著增大。

(3) 雷达特征信号处理算法更敏感于模板功率 (方差) 的过估计 (即 $K_s > 1$, $K_f > 1$)。

根据上述结果可得出如下结论：

首先，最优特征处理算法表现出最佳的整体性能，但却最为复杂，由于涉及大量的乘除法运算，因此需要高性能的计算工具。

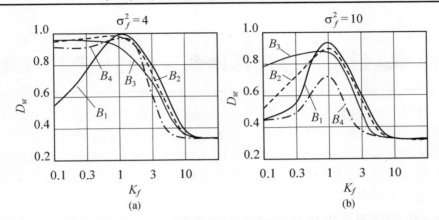

图 7.4　平均正确识别概率与雷达特征信号背景模板误差的关系：B1-算法 1、B2-算法 2、B3-算法 3、B4-算法 4。

　　其次，次优处理算法适当地简化了计算过程，尤其是式(7.12)的复幅度模值最小绝对偏差法、式(7.7)的最小方差法以及多水平处理法。由于多水平处理法可采用简单的逻辑运算对各量化切片作并行处理，因此其计算效率最高，适用于在短时间内需要完成大范围探测的雷达系统。

　　再次，次优处理算法在高信噪比条件下的性能和最优算法相当，在低信噪比条件下，最小偏差类算法表现出最佳的效率。

　　最后，最优和最小偏差类次优算法对先验模板误差的容忍性最好，模板误差通常会使识别错误率增加，但其影响随着信噪比的增加而降低。

第8章 通用信息指标体系与自适应判决规则

文献 [29–30] 提出了一种雷达目标识别的信息指标评估方法。考虑到干扰条件下识别系统从特征中提取信息的能力，信息指标由目标的特征参数决定，与识别性能的统计特性密切相关。特定观测条件下的信息指标评估可用来自适应地调节识别系统的判决规则，从而在观测条件变化时确保正确判决概率不低于规定值。

8.1 识别信息指标体系的通用设计方法

首先来看识别系统判决规则自适应的需求。面向特定功能的雷达，通常可将许多目标类型组合成一个功能类，例如："重型涡喷飞机""轻型涡喷飞机""轻型涡桨飞机""重型涡桨飞机""直升机""干扰"等。检测识别系统的先验统计量是指具有相同雷达特征的可辨识目标的分组模板，每个功能类中通常包含若干这样的分组，这里称为信息组，识别的任务就是确定目标的信息组归属。

基于特征的目标识别系统可采用不同的实现形式[29,50,78]，此类系统的一些重要的设计原则如前面章节所述，其主要原理是计算和比较雷达特征信号的二次泛函。雷达特征信号的一般形式为 N 个分辨单元内的一组离散复幅度 (列矢量形式) $\boldsymbol{\xi}_{g+f} = [\xi_{1g+f}, \xi_{2g+f}, \cdots, \xi_{Ng+f}]^{\mathrm{T}}$，为第 g 组目标回波 $\boldsymbol{\xi}_g = [\xi_{1g}, \xi_{2g}, \cdots, \xi_{Ng}]^{\mathrm{T}}$ 与背景信号 $\boldsymbol{\xi}_f = [\xi_{1f}, \xi_{2f}, \cdots, \xi_{Nf}]^{\mathrm{T}}$ 的加性叠加，其中，M_I 为分组数，$g = 1, 2, \cdots, M_I$。本章假设目标回波和背景信号均为零均值的正态平稳随机过程。

下面考虑对特征信号 $\boldsymbol{\xi}_{g+f}$ 的处理。在 M_I 通道的贝叶斯最优检测识别系统中，处理器输出信号为下述形式的有偏二次泛函：

$$z_k = \boldsymbol{\xi}_{g+f}^* \boldsymbol{R}^{k0} \boldsymbol{\xi}_{g+f} + a_k, \quad k = 1, 2, \cdots, M_I$$

对于这类检测识别系统，最简单的判决规则为

$$\forall l, k = 1, 2, \cdots, M_I \text{ 且 } l \neq k, \quad z_{kl} = (z_k - z_l) \geq 0 \Longrightarrow A_k^*$$

式中："A_k 和 A_k^*"分别为第 k 组目标存在的条件和判决；z_{kl} 为通道间的差异。

由于目标类别的误判会导致严重后果，因此检测识别系统的性能必须满足一定的要求。识别系统的性能通常由正确和错误识别的条件概率来描述[29,50,58]，它取决于许多因素，如雷达特征信号的类型和维数、背景特性、特征信号的处理方法、目标分组的数量和类型等。实际应用中，识别系统的性能

准则[29-30] 经常是确保规定的正确判决条件概率 P_{tr}。

为了满足该性能准则，检测识别系统应该基于所有目标组正确识别概率的预测、干扰环境和目标的观测条件以及雷达特征信号处理的类型和算法等信息，动态调整 M_I 个备择决策。换言之，检测识别系统应能作出类似下面三条的决策：

(1) 目标属于一个信息组。

(2) 目标属于多个信息组的并集。

(3) 必须重新再识别。

为了实现这一点，在检测识别系统中有必要引入判决规则的信息自适应调控器，以期完成下列任务：

(1) 在判断目标的分组归属时，估计给定观测条件下检测识别系统可从雷达特征中提取的信息量。

(2) 根据信息量的估计结果，动态改变检测识别系统的判决规则。

8.2　检测识别的通用信息指标体系

为了解决判决规则的信息适应性问题，首先必须将检测识别系统从雷达特征中提取的信息量作为一个重要指标[29-30]。假设检测识别系统已经接收到目标的雷达特征信号，则有以下两种方式来判定目标的信息组归属：

(1) 主观猜测一个信息组，此时决策的不确定性最大。

(2) 基于雷达获取的信息，由检测识别系统作出判决。

猜测目标属于第 k 组的正确概率由表达式 $P_{\text{ug}}(A_k A_k^*) = P_k P_{\text{ug}}(A_k^*|A_k)$ 确定，其中：A_k 表示事件"目标属于第 k 组"；A_k^* 表示事件"判定目标属于第 k 组"；$P_{\text{ug}}(A_k^*|A_k)$ 表示猜对 (猜测正确) 的条件概率；P_k 是识别空间内第 k 组目标的出现概率。在没有任何倾向或偏好的假设下，猜对的条件概率应该是相等的，即

$$P_{\text{ug}}(A_k^*|A_k) = \frac{1}{M_I}, \quad k = 1, 2, \cdots, M_I$$

检测识别系统对第 k 组目标的正确识别概率[29-30] 可表示为 $P_{\text{sr}}(A_k A_k^*) = P_k P_{\text{sr}}(A_k^*|A_k)$，其中 $P_{\text{sr}}(A_k^*|A_k) = D_k$ 是检测识别系统正确识别第 k 组目标的条件概率。

根据文献 [13]："从雷达特征信号中提取的信息量，可理解为检测识别系统在判定目标分组过程中不确定性减少的一种测度。"因此，检测识别系统识别第 k 组目标时从雷达特征中提取的信息量由下式给定[29-30]：

$$I_k^{\text{izv}} = \log \frac{P_{\text{sr}}(A_k A_k^*)}{P_{\text{ug}}(A_k A_k^*)} = \log \frac{D_k}{P_{\text{ug}}(A_k^*|A_k)} = \log D_k + \log M_I \tag{8.1}$$

相应地，检测识别系统识别所有 M_I 组目标时提取的信息总量可定义为

$$I_{\Sigma}^{\mathrm{izv}} = \sum_{k=1}^{M_I} I_k^{\mathrm{izv}} = \sum_{k=1}^{M_I} \log D_k + M_I \log M_I = \log \prod_{k=1}^{M_I} D_k + M_I \log M_I \quad (8.2)$$

显然，检测识别系统实际提取的信息量与所用的特征信号处理算法有关。因此，根据最优检测识别系统在识别第 k 组目标时不确定性的减少，可将其从雷达特征中提取的信息量表示为 $I_k^{\mathrm{opt}} = (\log D_k^{\mathrm{opt}} + \log M_I)$，其中 D_k^{opt} 为贝叶斯最优识别系统正确识别第 k 组目标的条件概率。因此，最优检测识别系统识别所有 M_I 组目标时提取的信息总量可由下式确定：

$$I_{\Sigma}^{\mathrm{opt}} = \sum_{k=1}^{M_I} I_k^{\mathrm{opt}} = \sum_{k=1}^{M_I} \log D_k^{\mathrm{opt}} + M_I \log M_I = \log \prod_{k=1}^{M_I} D_k^{\mathrm{opt}} + M_I \log M_I$$

若检测识别系统 M_I 个通道的输出信号互不相关，则正确识别第 k 组目标的条件概率可表示为

$$D_k = \prod_{\substack{l=1 \\ l \neq k}}^{M_I} D_{kl} \quad (8.3)$$

式中：D_{kl} 为存在第 k 组目标的条件下 k 通道输出信号 z_k 大于等于 l 通道信号 z_l 的概率。

利用式(8.3)，可将式(8.1)和式(8.2)转化下述形式：

$$I_k^{\mathrm{izv}} = \sum_{\substack{l=1 \\ l \neq k}}^{M_I} \log D_{kl} + \log M_I, \quad I_{\Sigma}^{\mathrm{izv}} = \sum_{k=1}^{M_I} \sum_{\substack{l=1 \\ l \neq k}}^{M_I} \log D_{kl} + M_I \log M_I$$

当检测识别系统识别第 k 组目标时，若 $I_k^{\mathrm{izv}} \geqslant I_{\mathrm{dos}}$，则称特征信息对第 k 组目标是充分的，否则称特征信息不充分，其中，I_{dos} 定义为检测识别系统以正确概率 $D_k = P_{\mathrm{tr}}$ 作出决策 $(A_k^*|A_k)$ 时从雷达特征中提取的信息量，即 $I_{\mathrm{dos}} = \log P_{\mathrm{tr}} + \log M_I$。因此，当检测识别系统识别所有 M_I 组目标时，若 $I_k^{\mathrm{izv}} \geqslant I_{\mathrm{dos}} \, (k = 1, 2, \cdots, M_I)$，则称雷达特征信息是充分的。

雷达特征信息充分的条件可用不等式表示为

$$\sum_{\substack{l=1 \\ l \neq k}}^{M_I} \log D_{kl} \geqslant \log P_{\mathrm{tr}}, \quad k = 1, 2, \cdots, M_I$$

满足上式的一个充分条件是：

$$\log D_{kl} \geqslant \frac{1}{M_I - 1} \log P_{\mathrm{tr}}, \quad k, l = 1, 2, \cdots, M_I \text{ 且 } l \neq k$$

或

$$D_{kl} \geqslant {}^{M_I-1}\!\sqrt{P_{\text{tr}}}, \quad k, l = 1, 2, \cdots, M_I \text{ 且 } l \neq k \tag{8.4}$$

条件概率 D_{kl} 通常由下式给出：

$$D_{kl} = \int_0^\infty p_k(z_{kl})\mathrm{d}z_{kl} \tag{8.5}$$

式中：$p_k(z_{kl})$ 为第 k 组目标存在时随机变量 z_{kl} 的条件概率密度。

对于任意相关的雷达特征信号，当特征元素数目足够大时，密度函数 $p_k(z_{kl})$ 可近似为下述正态分布：

$$p_k(z_{kl}) = \frac{1}{\sqrt{2\pi\lambda_l^{k|k}}} \exp\left[-\frac{(z_{kl} - \overline{z_{kl|k}})^2}{2\lambda_l^{k|k}}\right]$$

式中：$\lambda_l^{k|k}$ 为第 k 组目标存在时通道差异矢量 $[z_{k1}, \cdots, \check{z}_{kk}, \cdots, z_{kM_I}]^{\mathrm{T}}$ 的协方差矩阵 $M_{k|k}$ 的特征值[①]；$\overline{z_{kl|k}}$ 为随机变量 z_{kl} 的均值。

当通道差异量 z_{kl} ($l = 1, 2, \cdots, M_I$ 且 $l \neq k$) 不相关时，则 $\overline{z_{kl|k}} = a_{kl} + \mathrm{tr}\, X^{kl|k}$，$\lambda_l^{k|k} = \sigma_{kl|k}^2 = \mathrm{tr}\left[(X^{kl|k})^2\right]$，其中：$a_{kl} = (a_k - a_l)$ 为通道差异的偏置；$\mathrm{tr}\, X^{kl|k}$、$\mathrm{tr}\left[(X^{kl|k})^2\right]$ 分别为判定矩阵 $X^{kl|k}$ 及其二次方的迹；且[②]

$$a_{kl} = \ln \frac{\det R_{l+f}}{\det R_{k+f}} + \ln \frac{c_k}{c_l}, \quad X^{kl|k} = R_{k+f} Q_{l+f} - E$$

式中：c_k 和 c_l 为贝叶斯风险系数[54,62,74]，假设 $c_k = c_l$；Q_{l+f} 为矩阵 R_{l+f} 的逆矩阵；E 为单位矩阵。

给定上述限制条件后，式(8.5)可转换为

$$D_{kl} = \frac{1}{2} + \frac{1}{2}\Phi\left(\frac{\overline{z_{kl|k}}}{\sqrt{\lambda_l^{k|k}}}\right) \tag{8.6}$$

式中：$\Phi(x) = \frac{2}{\sqrt{2\pi}}\int_0^x \exp(-t^2/2)\mathrm{d}t$ 为概率积分函数。

于是，式(8.4)的信息充分条件可重新表示为

$$G_{kl|k} = \frac{\overline{z_{kl|k}}}{\sqrt{\lambda_l^{k/k}}} \geqslant \arg\Phi\left(2\,{}^{M_I-1}\!\sqrt{P_{\text{tr}}} - 1\right) = G_0 \tag{8.7}$$

$$k, l = 1, 2, \cdots, M_I \text{ 且 } l \neq k$$

式中：$\arg\Phi(y)$ 为概率积分 $\Phi(x) = y$ 的自变量[14]；$G_{kl|k}$ 为第 k 相对第 l 组目标的特征信息量；G_0 为识别任一组目标时雷达特征的充分信息量。

[①] 译者注：$[z_{k1}, \cdots, \check{z}_{kk}, \cdots, z_{kM_I}]^{\mathrm{T}}$ 表示矢量中不含元素 z_{kk}。

[②] 译者注：下述公式的推导可参考6.2节和6.4节，为了保持一致性，这里对原著符号做了修正。

下面将文献 [58] 中针对不相关雷达特征差异对比的特殊情形推广至任意相关特征下的一般情形[29-30]。考虑第 k 组雷达目标的判定矩阵 $X^{kl|k} = R_{k+f} Q_{l+f} - E$，其特征值由公式 $\mu_n^{kl|k} = \mu_n^{kl} - 1$ $(n = 1, 2, \cdots, N)$ 给定，其中 μ_n^{kl} 为乘积矩阵 $R_{k+f} Q_{l+f}$ 的特征值。考虑到背景噪声，判定矩阵 $X^{kl|k} = R_{k+f} Q_{l+f} - E$ 的第 n 个特征值可理解为雷达第 n 个特征元素 k、l 通道的相对差异 Δ_n^{kl} [29-30]，即 $\Delta_n^{kl} = \mu_n^{kl/k}$。

在 $c_k = c_l$ 的条件下，偏置量 a_{kl} 及通道差异的均值 $\overline{z_{kl|k}}$ 可表示为

$$a_{kl} = -\ln \frac{\det R^{l+k}}{\det R^{l+f}} = -\sum_{n=1}^{N} \ln \mu_n^{kl} = -\sum_{n=1}^{N} \ln(1 + \mu_n^{kl|k})$$

$$\overline{z_{kl|k}} = a_{kl} + \sum_{n=1}^{N} \mu_n^{kl|k} = \sum_{n=1}^{N} \left[\mu_n^{kl|k} - \ln(1 + \mu_n^{kl|k}) \right]$$

若判定矩阵的特征值满足不等式 $(-1 \leqslant \mu_n^{kl|k} \leqslant 1)$，则可将 $\ln(1 + \mu_n^{kl|k})$ 展开为幂级数形式并保留前两项后得到[14]

$$\ln(1 + \mu_n^{kl|k}) \cong \mu_n^{kl|k} - \frac{1}{2} \left(\mu_n^{kl|k} \right)^2$$

利用上述结果，当通道差异相互独立时，第 k 相对第 l 组目标的特征信息量可近似为下述形式：

$$G_{kl|k} \cong \frac{1}{2} \sqrt{g_{kl/k}}$$

式中：$g_{kl|k} = \sum_{n=1}^{N} \left(\mu_n^{kl|k} \right)^2 = \text{tr} \left[(X^{kl|k})^2 \right]$ 为雷达特征信号第 k 通道相对第 l 通道的累积差异。

8.3 检测识别系统判决规则的自适应设计

本节讨论具有信息适应能力的检测识别系统判决规则的结构形式[29-30]。如果满足式(8.7)的充分信息量条件，则检测识别系统从雷达特征信号中提取的信息量足以识别所有 M_I 组目标。此时，对应的判决规则为

$$\forall l, k = 1, 2, \cdots, M_I \text{ 且 } l \neq k, \quad z_k \geqslant z_l \implies A_k^*$$

在实际的检测识别过程中，若第 k 组出现这样的情形，比如第 k 组相对第 g 组不满足式(8.7)的条件，则正确决策 D_{kg} 的条件概率将小于规定值，即 $D_{kg} < \sqrt[M_I - 1]{P_{\text{tr}}}$。此时，为了防止可能出现的错误决策，需将判决规则调整为如下形式[1]：

$$\left. \begin{array}{c} \forall l, k = 1, 2, \cdots, M_I \text{ 且 } l \neq k, \quad z_k \geqslant z_l \\ \text{仅 } \exists g \in \{1, 2, \cdots, M_I\}, \quad D_{kg} < \sqrt[M_I - 1]{P_{\text{tr}}} \end{array} \right\} \implies A_k^* \vee A_g^*$$

① 译者注：下式中显然 $l \neq g$，这里根据上下文做了补充修正。

上述判决意味着该目标属于第 k 或 g 信息组。

一般情形下，具有信息适应能力的检测识别系统判决规则具有如下形式[29-30]①：

$$
\begin{aligned}
&\forall l, k = 1, 2, \cdots, M_I \text{ 且 } l \neq k, & \left.\begin{array}{l} z_k \geqslant z_l \\ G_{kl|k} \geqslant G_0 \end{array}\right\} \Longrightarrow A_k^* \\
&\forall l, k = 1, 2, \cdots, M_I \text{ 且 } l \neq k, \quad z_k \geqslant z_l \\
&\exists j \in \{1, 2, \cdots, M_I\}, \quad G_{kj|k} < G_0 \quad \left.\begin{array}{l} \\ \end{array}\right\} \Longrightarrow A_k^* \vee \bigvee_j A_j^*
\end{aligned}
\tag{8.8}
$$

在雷达探测过程中，基于目标参数自适应的模板协方差矩阵 $\boldsymbol{R}^k (k = 1, 2, \cdots, M_I)$ 和背景协方差矩阵 $\boldsymbol{R}_f$ 检测到目标后，自适应信息链路应立即评估每个信息组的目标特征信息量 $G_{kl|g}$ $(k, l = 1, 2, \cdots, M_I \text{ 且 } l \neq k)$。

通过本章研究，可形成如下结论：

首先，检测识别系统的性能可用正确识别的条件概率来表征，它可由信息指标估计得到，具体取决于雷达目标参数、背景干扰以及系统从雷达特征信号中提取信息的能力；

其次，信息指标可在探测过程中在线评估，并据此自适应地调节识别系统的判决规则；

最后，采用自适应判决规则的检测识别系统，在改善工作性能的同时付出的代价是降低了目标分类的详细程度或者增加了识别程序的延时。

---

① 译者注：原著下式采用算数求和符号 ＋ 和 $\sum$，此处修改为逻辑求和。

参 考 文 献

[1]   Алексеев Ю.Я. и др. Способы и средства помехозащиты радиолокационных измери-
      телей дальности и скорости в режимах сопровождения //Успехи современной радио-
      электроники. - 2000. - Вып.1. - С. 3-64.

[2]   Андерсон Т. Введение в многомерный статистический анализ/ Пер. с англ; Под ред.
      Б.В. Гнеденко. -М.: Физматгиз, 1963. -400с.

[3]   Андрианов В.А., Арманд Н.А., Кибардина В.А. Рассеяние радиоволн подстилающей
      поверхностью с растительным покровом //Радиотехника и электроника. -1976. - № 9.
      -С. 1816-1821.

[4]   Антенные системы радиоэлектронной техники /Под ред. Л.Н. Маркова. М.: Воениздат,
      1993.

[5]   Афинов В. Эволюция авиационных средств РЭБ и их применение в вооруженных кон-
      фликтах //Зарубежное военное обозрение. -1998.- № 3(612).- С.33-41.

[6]   Афинов В. Тенденции развития средств РЭБ авиации Вооруженных сил США на по-
      роге XXI века //Зарубежное военное обозрение. -1998. - №6 (615). - С. 28-35.

[7]   Афинов В. Направления совершенствования средств РЭП индивидуальной защиты
      самолетов //Зарубежное военное обозрение. -1998. - №7 (616). - С. 33-42.

[8]   Афинов В. Направления совершенствования средств РЭП индивидуальной защиты
      самолетов //Зарубежное военное обозрение. -1998. - №9 (618). - С. 35-42.

[9]   Бакулев П.А., Степин В.М. Методы и устройства селекции движущихся целей. -М.:
      Радио и связь, 1986. -288с.

[10] Бартон Д. Радиолокационное сопровождение целей при малых углах места// ТИИЭР.
      -1974. - Том 62. - №6. -С. 37···61.

[11] Бартон Д., Вард Г. Справочник по радиолокационным измерениям /Пер. с англ.; Под
      редакцией М.М. Вейсбейна. -М.: Сов. радио, 1976.

[12] Баскаков С.И. Радиотехнические цепи и сигналы: Учебник для вузов. -2-е изд., пере-
      раб. и доп. -М.: Высш. школа, 1988. -448с.

[13] Боровков А.А. Теория вероятностей. - М.: Наука, 1986. - 432с.

[14] Бронштейн И.Н., Семендяев К.А. Справочник по математике для инженеров и уча-
      щихся втузов. 13-е изд., исправл. - М.: Наука, 1986. - 544с.

[15] Буров Н.И. Маловысотная радиолокация. -М.: Воениздат, 1977.

[16] Вакин С.А. Радиоэлектронные системы как объекты РЭБ //Радиотехника. - 1994. -
      №4-5. - С.40···49.

[17] Вакин С.А., Шустов Л.Н. Основы радиопротиводействия и радиотехнической развед-
      ки. - М.: Сов. радио, 1968. - 448с.

[18] Вакман Д.Е. Регулярный метод синтеза ФМ сигналов. –М.: Сов. радио, 1967.

[19] Вакман Д.Е., Седлецкий Р.М. Вопросы синтеза радиолокационных сигналов. – М.: Сов. радио, 1973. - 311с.

[20] Вакман Е.В. Сложные сигналы и принцип неопределенности в радиолокации. – М.: Сов. радио, 1965.

[21] Вальд А. Последовательный анализ. –М.: Физматгиз, 1960. –328с.

[22] Вапник В.Н., Червоненкис А.Я. Теория распознавания образов: Статистические проблемы обучения. - М.: Наука, 1974. –416с.

[23] Варакин Л.Е. Теория сложных сигналов. –М.: Сов. радио, 1970.

[24] Вольман В.А., Пименов Ю.В. Техническая электродинамика. - М.: Связь, 1971.

[25] Вопросы статистической теории радиолокации /Под ред. Г.П. Тартаковского. –М.: Сов. радио, 1963. - Т.1. –424с.

[26] Вопросы статистической теории распознавания /Под ред. Б.В. Варского. – М.: Сов. радио, 1967. –400с.

[27] Гантмахер Ф.Р. Теория матриц. –4-е изд. –М.: Наука, 1988. –552с.

[28] Гейстер С.Р. Анализ влияния типа зондирующего сигнала на амплитуднофазовые спектральные портреты аэродинамических объектов //Радиотехника и электроника: Республиканский межведомственный сборник научных статей. – Минск: Вышэйш. шк. - 1999. –Вып. 24. - С. 53-56.

[29] Гейстер С.Р. Диссертация на соискание степени кандидата технических наук. –Минск: МВИЗРУ, 1989.

[30] Гейстер С.Р. Информационная адаптация решающего правила радиолокационного распознавания в условиях помех //Интеллектуальные системы: Сборник научных трудов Национальной академии наук Республики Беларусь. –Минск: Академия наук Республики Беларусь, 1999. - Вып. 2. –С.67-74.

[31] Гейстер С.Р. Системное проектирование и расчет радиолокаторов противовоздушной обороны. Ч.1. Выбор типа и расчет параметров зондирующего сигнала. - Минск: Военная академия Республики Беларусь, 1999. –222с.

[32] Гейстер С.Р. Спектральный анализ сигналов в защите радиолокатора с импульсным излучением от многократных имитирующих помех //Интеллектуальные системы: Сборник научных трудов Национальной академии наук Республики Беларусь. – Минск: Академия наук РБ, 1999. -Вып. 2. - С.89-95.

[33] Гейстер С.Р., Курлович В.И. Метод анализа характеристик распознаванияобъектов по большим дискретным выборкам коррелированных гауссовских отраженных сигналов на коррелированном фоне //Радиотехника и электроника: Республиканский межведомственный сборник научных статей. - Минск: Вышэйш. шк., 1994. – Вып. 22. - С.82-89.

[34] Гейстер С.Р., Курлович В.И. Проблема корреляции каналов обработки в анализе характеристик распознавания //Радиотехника и электроника: Респ. межвед. сб. научн. ст.. - Минск: Вышэйш. шк., 1994. - Вып. 22. - С.111-118.

[35] Гейстер С.Р., Курлович В.И. Результаты экспериментальных исследований комбинированных доплеровско-флуктуационных портретов целей в РЛС с непрерывным излучением //Вопросы специальной радиоэлектроники: Научн.-техн. сб. - Серия СОИУ. - 1991. - Вып.6. - С.67-79.

[36] Гейстер С.Р., Курлович В.И., Охрименко А.Е., Букато В.П. Устройство специальное. - А.с. № 291845 от 1.04.89г.

[37] Гейстер С.Р., Курлович В.И., Охрименко А.Е., Букато В.П. Устройство специальное. - Положительное решение № 16239 от 28.10.91г. по заявке № 4541020/03317/22 от 11.04.91г.

[38] Гейстер С.Р., Курлович В.И., Шаляпин С.В., Дащинский И.А. Устройство специальное. –А.с. № 299715 от 1.08.89г.

[39] Гейстер С.Р., Шеверов И.В. Защита радиолокационных систем от помех на основе обработки радиолокационных и координатных портретов. – Minsk: Pattern recognition and information processing, 5-th International Conference (PRIP'99), May, 18, (1999). – p.259-263.

[40] Горелик А.Л., Скрипкин В.А. Методы распознавания. Учеб. пособие для вузов. –М.: Высш. шк., 1977. –222с.

[41] Градштейн И.С., Рыжик И.М. Таблицы интегралов, сумм, рядов и произведений. - М.: Наука, 1962. –1100с.

[42] Дж. Ту, Р. Гонсалес. Принципы распознавания образов /Пер. с англ. –М.: Мир, 1978. – 411с.

[43] Довиак Р., Зринич Д. Доплеровские радиолокаторы и метеорологические наблюдения. –Л.: Гидрометеоиздат, 1988. –512с.

[44] Дуда Р., Харт П. Распознавание образов и анализ сцен /Пер. с англ.; Под ред. В.Л. Стефанюка. –М.: Мир, 1976. –511с.

[45] Защита от радиопомех /Под ред. М.В. Максимова. - М.: Сов. радио, 1976. - 496с.

[46] Иванов А.Н., Кузьмин Г.В., Рюмшин А.Р., Ягольников С.В. Методы подавления импульсно-доплеровских РЛС обнаружения и сопровождения траекторий целей //Радиотехника. –1997. - №5. - С.103···105.

[47] Канарейкин Д.Б., Павлов Н.Ф., Потехин В.А. Поляризация радиолокационных сигналов. –М.: Сов. радио, 1966. –440с.

[48] Крамер Г. Математические методы статистики /Пер. с англ.; Под ред. А.Н. Колмогорова. –М.: Мир, 1975. –648с.

[49] Кук Ч., Бернфельд М. Радиолокационные сигналы /Пер. с англ. –М.: Сов. радио, 1971. - 566с.

[50] Курлович В.И. Диссертация на соискание степени доктора технических наук. –Минск: МВВИУ, 1991.

[51] Курлович В.И., Гейстер С.Р. Дискретный метод анализа характеристик обнаружения – распознавания коррелированных сигналов на коррелиро- ванном фоне//Радиотехника и электроника. –1992. - Т.37. - № 6. - С.1057-1064.

[52] Маркевич В.Э., Гейстер С.Р. Статистическая модель радиолокационных портретов наземных объектов //Интеллектуальные системы: Сб. научн. тр. Национальной академии наук Республики Беларусь. –1998. - Вып. 1. - С.88-95

[53] Марков Г.Т., Васильев Е.Н. Математические методы прикладной электродинамики. - М.: Сов. радио, 1970.

[54] Миддлтон Д. Введение в статистическую теорию связи. Т. 2. - М.: Сов. радио, 1962. - 831с.

[55] Миленький А.В. Классификация сигналов в условиях априорной неопределенности. –М.: Сов. радио, 1975. –328с.

[56] Модулирующие (мультипликативные) помехи и прием радиосигналов /Под ред. И.Я. Кремера. - М.: Сов. радио, 1972. –480с.

[57] Оперативно-тактические и технические характеристики авиационных средств РЭБ Вооруженных сил США: Справочные данные //Зарубежное военное обозрение. –1998. - №4 (613). - С. 37-42.

[58] Охрименко А. Е. Основы радиолокации и радиоэлектронная борьба. Ч. 1. Основы радиолокации. –М.: Воениздат, 1983. - 456с.

[59] Охрименко А.Е. Основы извлечения, обработки и передачи информации. – Минск: БГУИР, 1994. –180с.

[60] Палий А.И. Радиоэлектронная борьба. –М.: Воениздат, 1981.

[61] Проскурин В.И. Распределение вероятностей квадратичного функционала от гауссовского случайного процесса //Радиотехника и электроника. –1985. –Т. 30. - №7. –С. 1335 –1340.

[62] Репин В.Г., Тартаковский Г.П. Статистический синтез при априорной неопределенности и адаптация информационных систем. –М.: Сов. Радио, 1977. –432с.

[63] Романов А.В., Ивлев И.И., Гейстер С.Р., Охрименко А.Е.. Энергетические характеристики сигналов и помех в РЛС с телевизионным подсветом //Реферативный сборник неопубликованных работ. - Минск: Государственный комитет по науке и технологиям Республики Беларусь, Белорусский институт системного анализа и информационного обеспечения научно-технической сферы. –1998. - Вып. 11 (Д199847 от 13.07.1998г.).

[64] Савельев А.А. Плоские кривые. - М:. Наука, 1968 –294с.

[65] Сколник М. Введение в технику радиолокационных систем /Пер. с англ.; Под редакцией К.Н. Трофимова. –М.: Мир, 1965.

[66] Сколник М. Справочник по радиолокации /Пер. с англ.; Под общей редакцией К.Н. Трофимова. –М.: Сов. радио, 1976.

[67] Слока В.К. Вопросы обработки радиолокационных сигналов. −М.: Сов. радио, 1970. −256 с.

[68] Слюсарь Н.М. Диссертация на соискание степени кандидата технических наук. − Минск: МВИЗРУ, 1976.

[69] Слюсарь Н.М. Электродинамическая модель воздушного винта /Перспективные вопросы радиолокационного наблюдения: Сборник. −Минск: МВИЗРУ, 1980. −С. 290-301.

[70] Состояние разработок и применение бортовых систем РЭБ в США и странах Западной Европы: Обзор по материалам иностранной печати /Под общей ред. Е.А. Федосова //Научно-информационный центр (770). - 1988. - 72с.

[71] Средства радиоэлектронной борьбы самолетов тактической авиации основных капиталистических стран: Обзор по материалам иностранной печати /Под общей ред. Е.А. Федосова //Научно-информационный центр (770). - 1987. - 110с.

[72] Степаненко В.Д. Радиолокация в метеорологии. −Л.: Гидрометеоиздат, 1973. −343с.

[73] Фельдман Ю.И., Мандуровский И.А. Теория флуктуаций локационных сигналов, отраженных распределенными целями /Под ред. Ю.И. Фельдмана. −М.: Радио и связь, 1988.

[74] Фомин Я.А., Тарловский Г.Р. Статистическая теория распознавания образов. −М.: Радио и связь, 1986. −264с.

[75] Френкс Л. Теория сигналов. М.: Сов. радио, 1974. −343с.

[76] Фукунага К. Введение в статистическую теорию распознавания образов. −М.: Наука, 1979. −368 с.

[77] Хэррис Ф. Дж. Использование окон при гармоническом анализе методом дискретного преобразования Фурье //ТИИЭР. - Т.66. - №1. −С.60···96.

[78] Шаляпин С.В. Диссертация на соискание степени кандидата технических наук. − Минск: МВВИУ, 1996.

[79] Шванн Х.П., Фостер К.Р. Воздействие высокочастотных полей на биологические системы. Электрические свойства и биофизические механизмы //ТИИЭР. −1980. - Т.68. - №1. - С.121-132.

[80] Шеверов И.В., Гейстер С.Р. Модель вращающейся системы отражателей с аппроксимацией элемента плоской прямоугольной пластиной //Радиотехника и электроника: Республ. межвед. сб. научн. тр.. −Минск: Вышэйш. шк. - 1999. - Вып. 24. −С. 48-52.

[81] Ширман Я.Д. Разрешение и сжатие сигналов. М.: Сов. радио, 1974. −360с.

[82] Ширман Я.Д., Манжос В.Н. Теория и техника обработки радиолокационной информации на фоне помех. −М.: Радио и связь, 1981. −416с.

[83] Штагер Е.А. Рассеяние радиоволн на телах сложной формы. - М.: Радио и связь, 1986.- 184с.

[84] Europe switches on to towed radar decoys /Janes international defense review, №8, 1998. P.37.

[85] Geyster (Heister) S. R. and Markevich V. E.. Experimental Study of Spectral Radar Portraits of a Ground Object in Monochromatic Strobing Signal Radar –Moscow: Electromagnetic Waves & Electronic Systems, 1999, Vol. 4, No. 1, pp. 53-61.

[86] Geyster (Heister) S. R. and Shaliapin S. V.. Accelerated Algorithms of Processing Non-Correlated Radar Portraits of Objects Under Different Jamming Conditions – Moscow: Electromagnetic Waves & Electronic Systems, 1999, Vol. 4, No. 1, pp. 28-34.

[87] Geyster (Heister) S. R., Kurlovich V. I., and Shaliapin S. V.. Experimental Studies of Spectral Portraits of Propeller-driven Fixed-wing and Turbojet Aircraft in a Surveillance Radar with a Continuous Probing Signal –Moscow: Electromagnetic Waves & Electronic Systems, 1999, Vol. 4, No. 1, pp. 46-52.

[88] Geyster (Heister) S.R., Markevich V.E.. Modeling of the Reflected Radar Signal in a Task of Reception of Spectral Portrait of the Moving Man for Ground Investigation Radar //Vietnam: Seminar on Simulation Proceeding, 1998, pp. 162-174.

[89] Geyster (Heister) S.R., Sedyeshev S.Y.. Modeling of Signals and Processes of Their Processing in a Laboratory Practical Work on Bases of Construction Radar// Vietnam: Seminar on Simulation Proceeding, 1998, pp. 175-184.

[90] Geyster (Heister) S.R.. The Influence of Jamming Upon Detection and Recognition Systems and the Protection of Radar Using Radar Portraits Processing //II международная научно-техническая конференция: Современные методы цифровой обработки сигналов в системах измерения, контроля, диагностики и управления. –Минск, 1998. –С. 99-101.

[91] Kurlovich V. I. and Geyster (Heister) S. R.. Radar Detection and Recognition of Objects – Moscow: Electromagnetic Waves & Electronic Systems, 1999, Vol. 4, No. 1, pp. 11-16.

[92] Kurlovich V. I., Bukato V. P., Geyster (Heister) S. R., Lavrent' ev E. A., and Shaliapin S. V.. Statistical Model of the Combined Portrait of a Target in Radars with Multifrequency Radiation and Complete Polarizing Reception – Moscow: Electromagnetic Waves & Electronic Systems, 1999, Vol.4, No. 1, pp. 5-10.

[93] Kurlovich V. I., Shaliapin S. V. and Geyster (Heister) S. R.. An Exact Method for Analyzing Characteristics of Detection-Recognition Systems in Radars with Digital Signal Processing // Journal of Communication Technology & Electronics, Vol. 44, No. 1, 1999, pp. 75-77.

[94] Kurlovich V.I., Geyster (Heister) S.R.. Statistical Synthesis and Indices of Radar Detection Recognition Systems Efficiency //II международная научнотехническая конференция: Современные методы цифровой обработки сигналов в системах измерения, контроля, диагностики и управления. –Минск, 1998. - С. 116-120.

[95] Leroy B. Van Brunt. Applied Eiectronics Countermeasures - EW Engineering Inc. USA, 1982.

[96] Markevich V. E. and Geyster (Heister) S. R.. A Reflected Radar Signal Model in the Problem of Obtaining a Moving Person Spectral Portrait – Moscow: Electromagnetic Waves & Electronic Systems, 1999, Vol. 4, No. 1, pp. 35-45.

[97]   Markevich V.E., Geyster (Heister) S.R.. Experimental Studies in the Course of the Development of the Statistical Model of Ground Objects Spectral Radar Portraits //II международная научно-техническая конференция: Современные методы цифровой обработки сигналов в системах измерения, контроля, диагностики и управления. - Минск, 1998. - C. 125-130.

[98]   Markevich V.E., Geyster (Heister) S.R.. Mathematical Model of the Earth's Surface in the Problem of Calculation of Kinematics of Ground Object Movement //II международная научно-техническая конференция: Современные методы цифровой обработки сигналов в системах измерения, контроля, диагностики и управления. - Минск, 1998. - C. 131-136.

[99]   Natanson, Fred E. Radar Design Principles: signal processing and the environment/ Fred E. Natanson with J. Patrick Reilli, Marvin N. Cohen. -2nd ed. -1991. -719p.

[100]   Radar Handbook /Editor in chief, Merrill I. Skolnik. -2nd ed. 1990.

[101]   Ruck G.T., Barrick D.E., Stuart W.D. Radar cross section handbook. - "Plenum Press.", New-York-London, 1970.

术语对照表

雷达系统

- РЛС–радиолокационная система：雷达或雷达系统
- СНР–станция наведения ракет：制导雷达
- РПУ–радиопередающее устройство：无线发射机
- РПрУ–радиоприемное устройство：无线接收机
- ЗС–зондирующий сигнал：探测信号
- ЭМВ–электромагнитная волна：电磁波
- ДНА–диаграмма направленности антенны：天线方向图
- АК–автокомпенсатор：自动补偿器
- АЧС–амплитудно-частотный спектр：幅度谱
- ФЧС–фазочастотный спектр：相位谱
- РЛП–радиолокационный портрет：雷达特征
- СРЛП–спектральный радиолокационный портрет：雷达频谱特征
- АФСП–амплитудно-фазовый спектральный портрет：幅相谱特征
- КОП–координатный портрет：坐标特征
- ИНП–информативные параметры：强信息参数
- МИНП–малоинформативные параметры：弱信息参数
- РЦСП–распознавание целей по спектральным портретам：基于频谱特征的目标识别
- УОРП–устройство обработки радиолокационно-координатного портрета и принятия решения о цели：信号–坐标特征处理与判决器
- ДПФ (БПФ)–дискретное (быстрое) преобразование Фурье：离散 (快速) 傅里叶变换

目标特性

- ЭОП–эффективная отражающая поверхность：有效散射面积
- КОР–коэффициент обратного рассеяния：后向散射系数
- АФМ–амплитудно-фазовая модуляция：幅相调制

电子和火力压制

- РЭБ–радиоэлектронная борьба：电子战
- РЭП–радиоэлектронное подавление：电子干扰
- РТР–радиотехническая разведка：电子侦察
- РПрПП–разведывательный приемник постановщика помех：电子侦察接收机
- АШП–активная шумовая помеха：有源噪声干扰
- УАШП–узкополосная активная шумовая помеха типа "доплеровский шум"：窄带有源噪声干扰 (多普勒噪声干扰)
- АИП–активная имитирующая помеха：有源欺骗干扰
- МИП–многократная имитирующая помеха：多假信号干扰
- МО–мешающие отражения：无源干扰回波 (杂波干扰)
- ПРР–противорадиолокационная ракета：反辐射导弹
- ГСН–головка самонаведения：寻的导引头
- БПЛА–беспилотный летательный аппарат：无人机

内 容 简 介

    雷达和电子战系统的持续对抗是雷达理论和装备蓬勃发展的重要推动力之一。20 世纪 90 年代后期，这种对抗的激烈程度在大量资金投入下达到了空前的高度。干扰条件下雷达高性能解决方案所面临的一个主要困难就是可用信号和干扰参数的先验不确定性。在雷达系统设计、试验以及运行期间，通过对先验未知参数的自适应或雷达系统的训练可在一定程度上解决该问题。

    该书主要介绍目标和干扰雷达特征统计建模的系统性方法以及现代检测识别系统的综合与分析，旨在解决自然和人为干扰条件下雷达特征使用中与部分先验不确定性相关的问题。书中花费了大量笔墨介绍智能干扰(距离、速度和角度多假信号及拖引干扰)的识别与选择方法，同时讨论了雷达特征和识别系统的信息指标。该书的科学意义与实践价值还在于依据雷达特征提取的信息量自适应地改变识别系统判决规则的结构。

    本书包含了原创性的研究及试验结果，适合于雷达系统和电子战系统的专家学者阅读。